建设工程识图精讲100例系列

装饰装修工程识图精讲 100 例

郭 闯 主编

中国计划出版社

图书在版编目（ＣＩＰ）数据

装饰装修工程识图精讲 100 例/郭闯主编. —北京：
中国计划出版社，2016.1
（建设工程识图精讲 100 例系列）
ISBN 978-7-5182-0259-1

Ⅰ.①装… Ⅱ.①郭… Ⅲ.①建筑装饰–建筑制图–
识别 Ⅳ.①TU238

中国版本图书馆 CIP 数据核字（2015）第 242886 号

建设工程识图精讲 100 例系列

装饰装修工程识图精讲 100 例

郭　闯　主编

中国计划出版社出版
网址：www.jhpress.com
地址：北京市西城区木樨地北里甲 11 号国宏大厦 C 座 3 层
邮政编码：100038　电话：（010）63906433（发行部）
新华书店北京发行所发行
北京天宇星印刷厂印刷

787mm×1092mm　1/16　10.25 印张　242 千字
2016 年 1 月第 1 版　2016 年 1 月第 1 次印刷
印数 1—3000 册

ISBN 978-7-5182-0259-1
定价：29.00 元

装饰装修工程识图精讲 100 例
编写组

主 编 郭 闯

参 编 蒋传龙 王 帅 张 进 褚丽丽

周 默 杨 柳 孙德弟 崔玉辉

宋立音 刘美玲 张红金 赵子仪

许 洁 徐书婧 左丹丹 李 杨

前　　言

　　建筑施工图表达了建筑物建造中的技术内容，装饰装修施工图表达了建造完的建筑物室内外环境的进一步美化或改造的技术内容。建筑施工图是装饰装修施工图的重要基础，装饰装修施工图又是建筑施工图的延续和深化。在建筑施工过程中，如果能快速地读懂装饰装修施工图，掌握装饰装修施工图的识读技巧，就可以大大缩短读图时间，正确了解设计意图，使施工结果与设计方案达到完美的结合，从而使工程达到设计预期的目的。因此，我们组织编写了这本书。

　　本书根据《房屋建筑制图统一标准》（GB/T 50001—2010）、《建筑结构制图标准》（GB/T 50105—2010）、《房屋建筑室内装饰装修制图标准》（JGJ/T 244—2011）等标准编写，主要包括装饰装修工程制图基本规定、装饰装修工程施工图识读内容与方法、装饰装修工程识图实例。本书采取先基础知识、后实例讲解的方法，具有逻辑性、系统性强、内容简明实用、重点突出等特点。本书可供装饰装修工程设计、施工等相关技术及管理人员使用，也可供装饰装修工程相关专业的大中专院校师生学习参考使用。

　　本书在编写过程中参阅和借鉴了许多优秀书籍、专著和有关文献资料，并得到了有关领导和专家的帮助，在此一并致谢。由于作者的学识和经验所限，虽经编者尽心尽力但书中仍难免存在疏漏或未尽之处，敬请有关专家和读者予以批评指正。

编　者

2015 年 10 月

目　　录

1 装饰装修工程制图基本规定

1.1 基本规定

1.1.1 图线

1）房屋建筑室内装饰装修图纸中图线的绘制方法及图线宽度应符合现行国家标准《房屋建筑制图统一标准》（GB/T 50001—2010）的规定。

2）房屋建筑室内装饰装修设计制图的线型应采用实线、虚线、单点长画线、折断线、波浪线、点线、样条曲线、云线等，并应选用表 1-1 所示的常用线型。

表 1-1　装饰装修制图线型

名　　称		线　　型	线宽	一　般　用　途
实线	粗		b	①平、剖面图中被剖切的建筑和装饰装修构造的主要轮廓线； ②房屋建筑室内装饰装修立面图的外轮廓线； ③房屋建筑室内装饰装修构造详图、节点图中被剖切部分的主要轮廓线； ④平、立、剖面图的剖切符号
	中粗		$0.7b$	①平、剖面图中被剖切的建筑和装饰装修构造的次要轮廓线； ②房屋建筑室内装饰装修详图中的外轮廓线
	中		$0.5b$	①房屋建筑室内装饰装修构造详图中的一般轮廓线； ②小于 $0.7b$ 的图形线、家具线、尺寸线、尺寸界线、索引符号、标高符号、引出线、地面、墙面的高差分界线等
	细		$0.25b$	图形和图例的填充线
虚线	中粗		$0.7b$	①表示被遮挡部分的轮廓线； ②表示被索引图样的范围； ③拟建、扩建房屋建筑室内装饰装修部分轮廓线
	中		$0.5b$	①表示平面中上部的投影轮廓线； ②预想放置的建筑或构件
	细		$0.25b$	表示内容与中虚线相同，适合小于 $0.5b$ 的不可见轮廓线

续表 1−1

名　称		线　型	线宽	一 般 用 途
单点长画线	中粗		0.7b	运动轨迹线
	细		0.25b	中心线、对称线、定位轴线
折断线	细		0.25b	不需要画全的断开界线
波浪线	细		0.25b	①不需要画全的断开界线 ②构造层次的断开界线 ③曲线形构件断开界限
点线	细		0.25b	制图需要的辅助线
样条曲线	细		0.25b	①不需要画全的断开界线 ②制图需要的引出线
云线	中		0.5b	①圈出被索引的图样范围 ②标注材料的范围 ③标注需要强调、变更或改动的区域

1.1.2　比例

1）图样的比例表示及要求应符合现行国家标准《房屋建筑制图统一标准》（GB/T 50001—2010）的规定。

2）图样的比例应根据图样用途与被绘对象的复杂程度选取。房屋建筑室内装饰装修制图中常用比例宜为1:1、1:2、1:5、1:10、1:15、1:20、1:25、1:30、1:40、1:50、1:75、1:100、1:150、1:200。

3）绘图所用的比例，应根据房屋建筑室内装饰装修设计的不同部位、不同阶段的图纸内容和要求确定，并应符合表1−2的规定。对于其他特殊情况，可自定比例。

表 1−2　装饰装修设计绘图所用的比例

比　例	部　位	图 纸 内 容
1:200 ~ 1:100	总平面、总顶面	总平面布置图、总顶棚平面布置图
1:100 ~ 1:50	局部平面、局部顶棚平面	局部平面布置图、局部顶棚平面布置图
1:100 ~ 1:50	不复杂的立面	立面图、剖面图
1:50 ~ 1:30	较复杂的立面	立面图、剖面图
1:30 ~ 1:10	复杂的立面	立面放大图、剖面图
1:10 ~ 1:1	平面及立面中需要详细表示的部位	详图
1:10 ~ 1:1	重点部位的构造	节点图

4）同一图纸中的图样可选用不同比例。

1.1.3　索引符号

1）索引符号根据用途的不同，可分为立面索引符号、剖切索引符号、详图索引符号、设备索引符号、部品部件索引符号。

2）表示室内立面在平面上的位置及立面图所在图纸编号，应在平面图上使用立面索引符号（图1-1）。

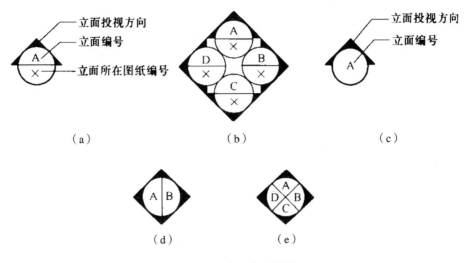

图1-1 立面索引符号

3）表示剖切面在界面上的位置或图样所在图纸编号，应在被索引的界面或图样上使用剖切索引符号（图1-2）。

图1-2 剖切索引符号

4）表示局部放大图样在原图上的位置及本图样所在页码，应在被索引图样上使用详图索引符号（图1-3）。

5）表示各类设备（含设备、设施、家具、灯具等）的品种及对应的编号，应在图样上使用设备索引符号（图1-4）。

6）索引符号的绘制应符合下列规定：

①立面索引符号由圆圈、水平直径组成，且圆圈及水平直径应以细实线绘制。根据图面比例，圆圈直径可选择8~10mm。圆圈内应注明编号及索引图所在页码。立面索引符号应附以三角形箭头，且三角形箭头方向与投射方向一致，圆圈中水平直径、数字及字母（垂直）的方向应保持不变（图1-5）。

②剖切索引符号和详图索引符号均由圆圈、直径组成，圆及直径应以细实线绘制。根据图面比例，圆圈直径可选择8~10mm。圆圈内注明编号及索引图所在页码。剖切索引符号应附以三角形箭头，且三角形箭头方向与圆圈中直径、数字及字母（垂直于直径）的方向保持一致，并应随投射方向而变（图1-6）。

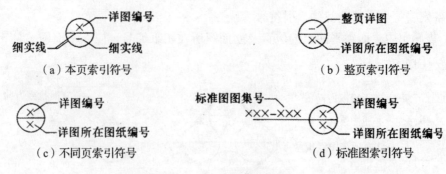

图1－3　详图索引符号

图1－4　设备索引符号　　　　图1－5　立面索引符号

图1－6　剖切索引符号

③索引图样时，应以引出圈将被放大的图样范围完整圈出，并应由引出线连接引出圈和详图索引符号。图样范围较小的引出圈，应以圆形中粗虚线绘制（图1－7a）；范围较大的引出圈，宜以有弧角的矩形中粗虚线绘制（图1－7b），也可以云线绘制（图1－7c）。

（a）范围较小的索引符号　　　（b）范围较大的索引符号　　　（c）范围较大的索引符号

图1－7　索引符号

④设备索引符号应由正六边形、水平内径线组成，正六边形、水平内径线应以细实线绘制。根据图面比例，正六边形长轴可选择8～12mm。正六边形内应注明设备编号及设备品种代号（图1－4）。

7）索引符号的编号除应符合现行国家标准《房屋建筑制图统一标准》（GB/T 50001—2010）的规定外，尚应符合下列规定：

①当引出图与被索引的详图在同一张图纸内，应在索引符号的上半圆中用阿拉伯数字或字母注明该索引图的编号，在下半圆中间画一段水平细实线（图1－3a）。

②当引出图与被索引的详图不在同一张图纸内，应在索引符号的上半圆中用阿拉伯数字或字母注明该详图的编号，在索引符号的下半圆中用阿拉伯数字或字母注明该详图

所在图纸的编号。数字较多时，可加文字标注（图1-3c、d）。

③在平面图中采用立面索引符号时，应采用阿拉伯数字或字母为立面编号代表各投视方向，并应以顺时针方向排序（图1-8）。

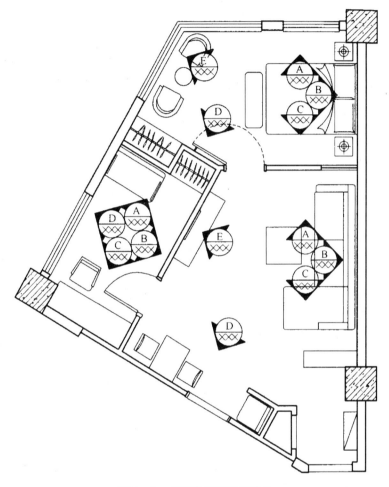

图1-8 立面索引符号的编号

1.1.4 图名编号

1）房屋建筑室内装饰装修的图纸宜包括平面图、索引图、顶棚平面图、立面图、剖面图、详图等。

2）图名编号应由圆、水平直径、图名和比例组成。圆及水平直径均应由细实线绘制，圆直径根据图面比例，可选择8~12mm（图1-9、图1-10）。

图1-9 被索引出的图样的图名编号

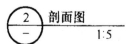

图1-10 索引图与被索引出的图样同在一张图纸内的图名编写

3）图名编号的绘制应符合下列规定：

①用来表示被索引出的图样时，应在图号圆圈内画一水平直径，上半圆中应用阿拉伯数字或字母注明该图样编号，下半圆中应用阿拉伯数字或字母注明该图索引符号所在图纸编号（图1-9）。

②当索引出的详图图样如与索引图同在一张图纸内时，圆内可用阿拉伯数字或字母注明详图编号，也可在圆圈内画一水平直径，且上半圆中用阿拉伯数字或字母注明编号，下半圆中间应画一段水平细实线（图1-10）。

4）图名编号引出的水平直线上方宜用中文注明该图的图名，其文字宜与水平直线前端对齐或居中。

1.1.5 引出线

1）引出线的绘制应符合现行国家标准《房屋建筑制图统一标准》（GB/T 50001—2010）的规定。

2）引出线起止符号可采用圆点绘制（图1-11a），也可采用箭头绘制（图1-11b）。起止符号的大小应与本图样尺寸的比例相协调。

3）多层构造或多个部位共用引出线，应通过被引出的各层或各部分，并应以引出线起止符号指出相应位置。引出线和文字说明的表示应符合现行国家标准《房屋建筑制图统一标准》（GB/T 50001—2010）的规定（图1-12）。

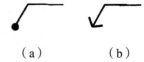

（a）　　　　　（b）

图1-11　引出线起止符号

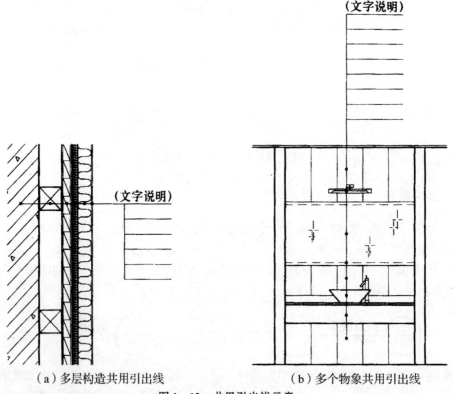

（a）多层构造共用引出线　　　（b）多个物象共用引出线

图1-12　共用引出线示意

1.1.6 其他符号

1) 对称符号应由对称线和分中符号组成。对称线应用细单点长画线绘制，分中符号应用细实线绘制。分中符号可采用两对平行线或英文缩写。采用平行线作为分中符号时（图 1-13a），应符合现行国家标准《房屋建筑制图统一标准》（GB/T 50001—2010）的规定；采用英文缩写作为分中符号时，大写英文 CL 应置于对称线一端（图 1-13b）。

2) 连接符号应以折断线或波浪线表示需连接的部位。两部位相距过远时，折断线或波浪线两端靠图样一侧应标注大写拉丁字母表示连接编号。两个被连接的图样应用相同的字母编号（图 1-14）。

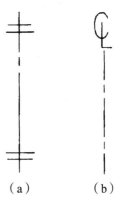

图 1-13　对称符号

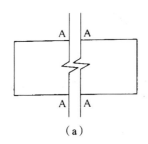 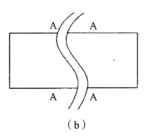

(a) 　　　　　　　　　　　(b)

图 1-14　连接符号

A—连接编号

3) 立面的转折应用转角符号表示，且转角符号应以垂直线连接两端交叉线并加注角度符号表示（图 1-15）。

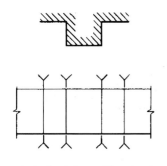 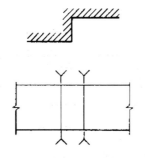 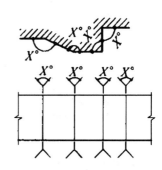

（a）表示成 90°外凸立面　　（b）表示成 90°内转折立面　　（c）表示不同角度转折外凸立面

图 1-15　转角符号

4) 指北针的绘制应符合现行国家标准《房屋建筑制图统一标准》（GB/T 50001—2010）的规定。指北针应绘制在房屋建筑室内装饰装修整套图纸的第一张平面图上，并应位于明显位置。

1.1.7 图样画法

1. 投影法

1）房屋建筑室内装饰装修设计的视图，应采用位于建筑内部的视点按正投影法并用第一角画法绘制，且自 A 的投影镜像图应为顶棚平面图，自 B 的投影应为平面图，自 C、D、E、F 的投影应为立面图（图 1 - 16）。

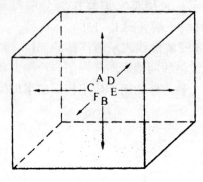

图 1 - 16　第一角画法

2）顶棚平面图应采用镜像投影法绘制，其图像中纵横轴线排列应与平面图完全一致（图 1 - 17）。

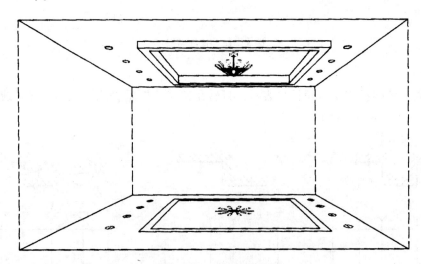

图 1 - 17　镜像投影法

3）装饰装修界面与投影面不平行时，可用展开图表示。

2. 平面图

1）除顶棚平面图外，各种平面图应按正投影法绘制。

2）平面图宜取视平线以下适宜高度水平剖切俯视所得，并根据表现内容的需要，可增加剖视高度和剖切平面。

3）建筑物平面图应在建筑物的门窗洞口处水平剖切俯视（屋顶平面图应在屋面以上俯视），图内应包括剖切面及投影方向可见的建筑构造以及必要的尺寸、标高等，如需表示高窗、洞口、通气孔、槽、地沟及起重机等不可见部分，则应以虚线绘制。

4）平面图应表达室内水平界面中正投影方向的物象，且需要时，还应表示剖切位置中正投影方向墙体的可视物象。

5）局部平面放大图的方向宜与楼层平面图的方向一致。

6）平面图中应注写房间的名称或编号，编号注写在直径为 6 mm 细实线绘制的圆圈内，其字体大小应大于图中索引用文字标注，并应在同张图纸上列出房间名称表。

7）对于平面图中的装饰装修物件，可注写名称或用相应的图例符号表示。

8）在同一张图纸上绘制多于一层的平面图时，各层平面图宜按层数由低向高的顺序从左至右或从下至上布置。

9）对于较大的房屋建筑室内装饰装修平面图，可分区绘制平面图，且每张分区平面图均应以组合示意图表示所在位置。对于在组合示意图中要表示的分区，可采用阴影线或填充色块表示。各分区应分别用大写拉丁字母或功能区名称表示。各分区视图的分区部位及编号应一致，并应与组合示意图对应。

10）房屋建筑室内装饰装修平面起伏较大的呈弧形、曲折形或异形时，可用展开图表示，不同的转角面用转角符号表示连接，且画法应符合现行国家标准《建筑制图标准》（GB/T 50104—2010）的规定。

11）在同一张平面图内，对于不在设计范围内的局部区域应用阴影线或填充色块的方式表示。

12）为表示室内立面在平面上的位置，应在平面图上表示出相应的立面索引符号。立面索引符号的绘制应符合《房屋建筑室内装饰装修制图标准》（JGJ/T 244—2011）第 3.6.6 条、第 3.6.7 条的规定。

13）对于平面图上未被剖切到的墙体立面的洞、龛等，在平面图中可用细虚线连接表明其位置。

14）房屋建筑室内各种平面中出现异形的凹凸形状时，可用剖面图表示。

3. 顶棚平面图

1）房屋建筑室内装饰装修顶棚平面图应按镜像投影法绘制。

2）顶棚平面图中应省去平面图中门的符号，并应用细实线连接门洞以表明位置。墙体立面的洞、龛等，在顶棚平面中可用细虚线连接表明其位置。

3）顶棚平面图应表示出镜像投影后水平界面上的物象，且需要时，还应表示剖切位置中投影方向的墙体的可视内容。

4）平面为圆形、弧形、曲折形、异形的顶棚平面，可用展开图表示，不同的转角面用转角符号表示连接。

5）房屋建筑室内顶棚上出现异形的凹凸形状时，可用剖面图表示。

4. 立面图

1）房屋建筑室内装饰装修立面图应按正投影法绘制。

2）立面图应表达室内垂直界面中投影方向的物体，需要时，还应表示剖切位置中投影方向的墙体、顶棚、地面的可视内容。

3）室内立面图应包括投影方向可见的室内轮廓线和装修构造、门窗、构配件、墙面做法、固定家具、灯具、必要的尺寸和标高及需要表达的非固定家具、灯具、装饰物件等（室内立面图的顶棚轮廓线，可根据具体情况只表达吊平顶或同时表达吊平顶及结构顶棚）。

4）立面图的两端宜标注建筑平面定位轴线编号。

5）平面为圆形、弧形、曲折形、异形的室内立面，可用展开图表示，不同的转角面用转角符号表示连接，圆形或多边形平面的建筑物，可分段展开绘制立面图，但是均应在图名后加注"展开"二字。

6）对称式装饰装修面或物体等，在不影响物象表现的情况下，立面图可绘制一半，并应在对称轴线处画对称符号。

7）在房屋建筑室内装饰装修立面图上，相同的装饰装修构造样式可选择一个样式绘出完整图样，其余部分可只画图样轮廓线。

8）在房屋建筑室内装饰装修立面图上，表面分隔线应表示清楚，并应用文字说明各部位所用材料及色彩等。

9）圆形或弧线形的立面图应以细实线表示出该立面的弧度感（图1-18）。

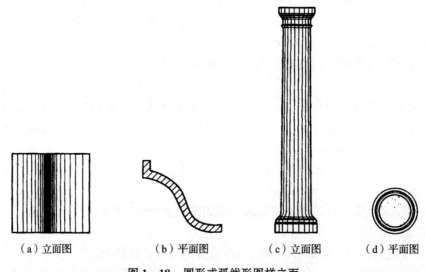

（a）立面图　　　　（b）平面图　　　　（c）立面图　　　　（d）平面图

图1-18　圆形或弧线形图样立面

10）立面图宜根据平面图中立面索引编号标注图名。有定位轴线的立面，也可根据两端定位轴线号编注立面图名称。

5. 剖面图和断面图

1）剖面图的剖切部位，应根据图纸的用途或设计深度，在平面图上选择能反映全貌、构造特征以及有代表性的部位剖切。

2）各种剖面图应按正投影法绘制。

3）建筑剖面图内应包括剖切面和投影方向可见的建筑构造、构配件以及必要的尺寸、标高等。

4）剖切符号可用阿拉伯数字、罗马数字或拉丁字母编号（图1-19）。

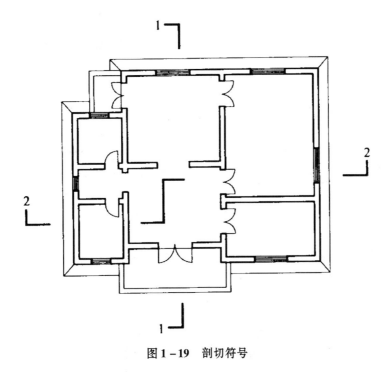

图 1－19 剖切符号

5）画室内剖立面时，相应部位的墙体、楼地面的剖切面宜有所表示。必要时，占空间较大的设备管线、灯具等的剖切面，亦应在图纸上绘出。

6）剖面图除应画出剖切面切到部分的图形外，还应画出沿投射方向看到的部分，被剖切面切到部分的轮廓线用粗实线绘制，剖切面没有切到，但沿投射方向可以看到的部分，用中实线绘制；断面图则只需（用粗实线）画出剖切面切到部分的图形（图1－20）。

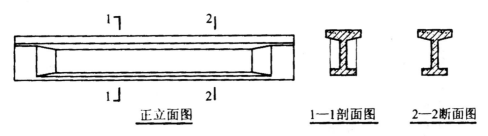

正立面图　　　　　　　　**1—1剖面图**　　**2—2断面图**

图 1－20 剖面图与断面图的区别

7）剖面图和断面图应按下列方法剖切后绘制：

①用一个剖切面剖切（图1－21）。

②用两个或两个以上平行的剖切面剖切（图1－22）。

③用两个相交的剖切面剖切（图1－23）。用此法剖切时，应在图名后注明"展开"字样。

8）分层剖切的剖面图，应按层次以波浪线将各层隔开，波浪线不应与任何图线重合（图1－24）。

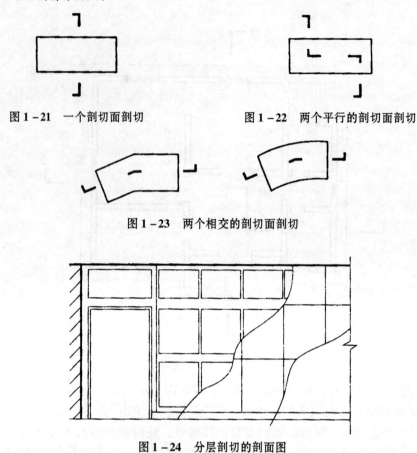

图1-21　一个剖切面剖切　　　图1-22　两个平行的剖切面剖切

图1-23　两个相交的剖切面剖切

图1-24　分层剖切的剖面图

9）杆件的断面图可绘制在靠近杆件的一侧或端部处并按顺序依次排列（图1-25），也可绘制在杆件的中断处（图1-26）；结构梁板的断面图可画在结构布置图上（图1-27）。

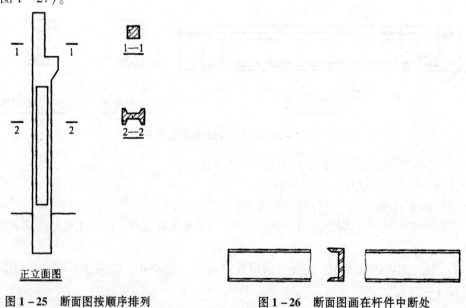

正立面图

图1-25　断面图按顺序排列　　　图1-26　断面图画在杆件中断处

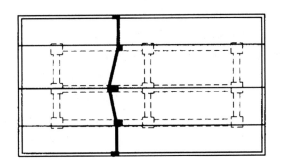

图1-27 断面图画在布置图上

6. 视图布置

1）当在同一张图纸上绘制若干个视图时，各视图的位置应根据视图的逻辑关系和版面的美观决定（图1-28），各视图的位置宜按图1-29的顺序进行布置。

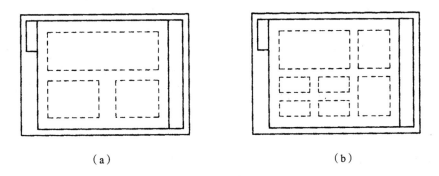

（a）   （b）

图1-28 常规的布图方法

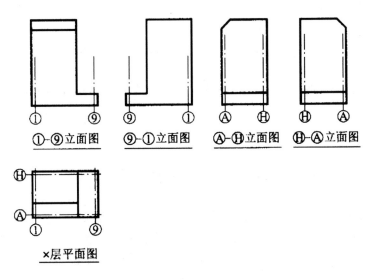

图1-29 视图布置

2）每个视图一般均应标注图名。各视图图名的命名，主要包括：平面图、立面图、剖面图或断面图、详图。同一种视图多个图的图名前加编号以示区分。平面图，以楼层编号，包括地下二层平面图、地下一层平面图、首层平面图、二层平面图等等。立面图以该图两端头的轴线号编号，剖面图或断面图以剖切号编号。详图以索引号编号。图名宜标注在视图的下方或一侧，并在图名下用粗实线绘一条横线，其长度应以图名所占长度为准（图1－29）。使用详图符号作图名时，符号下不再画线。

3）分区绘制的建筑平面图，应绘制组合示意图，指出该区在建筑平面图中的位置。各分区视图的分区部位及编号均应一致，并应与组合示意图一致（图1－30）。

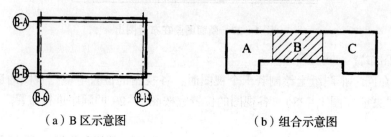

（a）B区示意图　　　　　（b）组合示意图

图1－30　分区绘制建筑平面图

4）总平面图应反映建筑物在室外地坪上的墙基外包线，不应画屋顶平面投影图。同一工程不同专业的总平面图，在图纸上的布图方向均应一致；单体建（构）筑物平面图在图纸上的布图方向，必要时可与其在总平面图上的布图方向不一致，但必须标明方位；不同专业的单体建（构）筑物平面图，在图纸上的布图方向均应一致。

在建筑设计中，表示拟建房屋所在规划用地范围内的总体布置图，并且反映与原有环境的关系及领界的情况等的图样称为总平面图。

在房屋建筑室内装饰装修设计中，表示需要设计的平面与所在楼层平面或者环境的总体关系的图样称为总平面图。

5）建（构）筑物的某些部分，如与投影面不平行（如圆形、折线形、曲线形等），在画立面图时，可将该部分展至与投影面平行，再以正投影法绘制，并应在图名后注写"展开"字样。

6）建筑吊顶（顶棚）灯具、风口等设计绘制布置图，应是反映在地面上的镜面图，不是仰视图。

1.1.8　尺寸标注

1）图样尺寸标注的一般标注方法应符合现行国家标准《房屋建筑制图统一标准》（GB/T 50001—2010）的规定。

2）尺寸起止符号可用中粗斜短线绘制，并应符合现行国家标准《房屋建筑制图统一标准》（GB/T 50001—2010）的规定；也可用黑色圆点绘制，其直径宜为1mm。

3）尺寸标注应清晰，不应与图线、文字及符号等相交或重叠。

4）尺寸宜标注在图样轮廓以外，当需要注在图样内时，不应与图线、文字及符号等相交或重叠。当标注位置相对密集时，各标注数字应在离该尺寸线较近处注写，并应与相邻数字错开。标注方法应符合现行国家标准《房屋建筑制图统一标准》（GB/T 50001—2010）的规定。

5）总尺寸应标注在图样轮廓以外。定位尺寸及细部尺寸可根据用途和内容注写在图样外或图样内相应的位置。注写要求应符合3）的规定。

6）尺寸标注和标高注写应符合下列规定：

①立面图、剖面图及详图应标注标高和垂直方向尺寸；不易标注垂直距离尺寸时，可在相应位置标注标高（图1-31）。

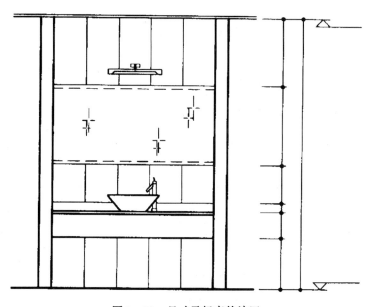

图1-31 尺寸及标高的注写

②各部分定位尺寸及细部尺寸应注写净距离尺寸或轴线间尺寸。

③标注剖面或详图各部位的定位尺寸时，应注写其所在层次内的尺寸（图1-32）。

④图中连续等距重复的图样，当不易标明具体尺寸时，可按现行国家标准《建筑制图标准》（GB/T 50104—2010）的规定表示。

⑤对于不规则图样，可用网格形式标注尺寸，标注方法应符合现行国家标准《房屋建筑制图统一标准》（GB/T 50001—2010）的规定。

7）标高符号和标注方法应符合现行国家标准《房屋建筑制图统一标准》（GB/T 50001—2010）的规定。

8）房屋建筑室内装饰装修中，设计空间应标注标高，标高符号可采用直角等腰三角形，也可采用涂黑的三角形或90°对顶角的圆，标注顶棚标高时，也可采用CH符号表示（图1-33）。

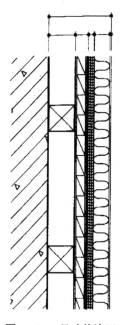

图1-32 尺寸的注写

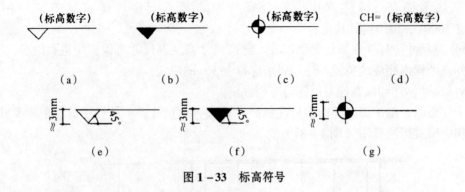

图 1 – 33　标高符号

1.2　装饰装修工程常用图例

1.2.1　常用房屋建筑室内装饰装修材料图例

常用房屋建筑材料、装饰装修材料的剖面图例应按表 1 – 3 所示图例画法绘制。

表 1 – 3　常用房屋建筑室内装饰装修材料图例

序号	名　称	图　例	备　注
1	夯实土壤		—
2	砂砾石、碎砖三合土		—
3	石材		注明厚度
4	毛石		必要时注明石料块面大小及品种
5	普通砖		包括实心砖、多孔砖、砌块等。断面较窄不易绘出图例线时，可涂黑，并在备注中加注说明，画出该材料图例
6	轻质砌块砖		指非承重砖砌体
7	轻钢龙骨板材隔墙		注明材料品种

续表 1 – 3

序号	名 称	图 例	备 注
8	饰面砖		包括铺地砖、墙面砖、陶瓷锦砖等
9	混凝土		1）指能承重的混凝土及钢筋混凝土； 2）各种强度等级、骨料、添加剂的混凝土； 3）在剖面图上画出钢筋时，不画图例线； 4）断面图形小，不易画出图例线时，可涂黑
10	钢筋混凝土		
11	多孔材料		包括水泥珍珠岩、沥青珍珠岩、泡沫混凝土、非承重加气混凝土、软木、蛭石制品等
12	纤维材料		包括矿棉、岩棉、玻璃棉、麻丝、木丝板、纤维板等
13	泡沫塑料材料		包括聚苯乙烯、聚乙烯、聚氨酯等多孔聚合物类材料
14	密度板		注明厚度
15	实木		表示垫木、木砖或木龙骨
			表示木材横断面
			表示木材纵断面
16	胶合板		注明厚度或层数
17	多层板		注明厚度或层数

续表 1 – 3

序号	名　称	图　例	备　注
18	木工板		注明厚度
19	石膏板		1）注明厚度； 2）注明石膏板品种名称
20	金属		1）包括各种金属，注明材料名称； 2）图形小时，可涂黑
21	液体	（平面）	注明具体液体名称
22	玻璃砖		注明厚度
23	普通玻璃	（立面）	注明材质、厚度
24	磨砂玻璃	（立面）	1）注明材质、厚度； 2）本图例采用较均匀的点
25	夹层（夹绢、夹纸）玻璃	（立面）	注明材质、厚度
26	镜面	（立面）	注明材质、厚度

续表 1 – 3

序号	名　称	图　例	备　注
27	橡胶		—
28	塑料		包括各种软、硬塑料及有机玻璃等
29	地毯		注明种类
30	防水材料	 （小尺度比例） （大尺度比例）	注明材质、厚度
31	粉刷	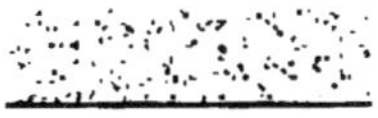	本图例采用较稀的点
32	窗帘	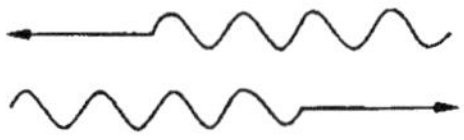 （立面）	箭头所示为开启方向

注：序号 1、3、5、6、10、11、16、17、20、23、25、27、28 图例中的斜线、短斜线、交叉斜线等均为 45°。

1.2.2　常用建筑构造图例

常用建筑构造及配件图例见表 1 – 4。

表 1 – 4　建筑构造及配件图例

序号	名　称	图　例	备　注
1	墙体		1）上图为外墙，下图为内墙； 2）外墙细线表示有保温层或有幕墙； 3）应加注文字或涂色或图案填充表示各种材料的墙体； 4）在各层平面图中防火墙宜着重以特殊图案填充表示

续表 1-4

序号	名 称	图 例	备 注
2	隔断	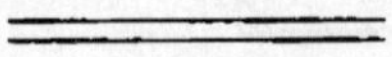	1）加注文字或涂色或图案填充表示各种材料的轻质隔断； 2）适用于到顶与不到顶隔断
3	玻璃幕墙		幕墙龙骨是否表示由项目设计决定
4	栏杆		—
5	楼梯	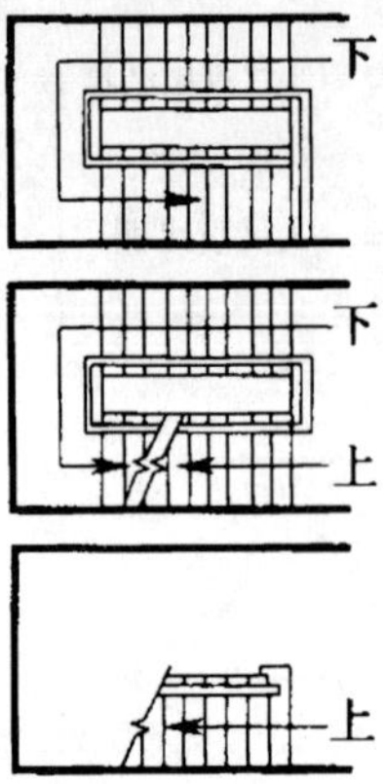	1）上图为顶层楼梯平面，中图为中间层楼梯平面，下图为底层楼梯平面； 2）需设置靠墙扶手或中间扶手时，应在图中表示
6	坡道	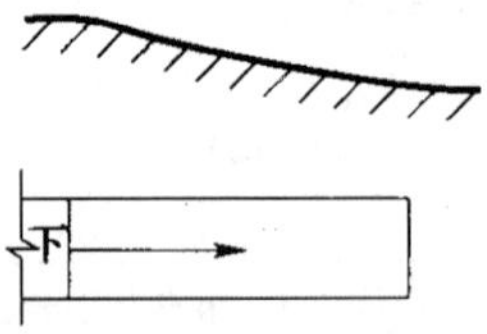	长坡道
		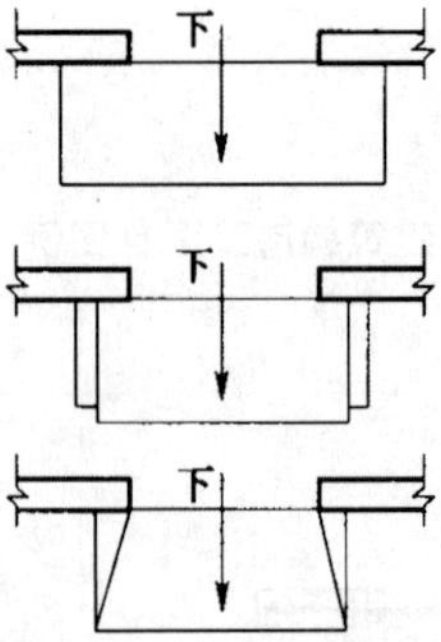	上图为两侧垂直的门口坡道，中图为有挡墙的门口坡道，下图为两侧找坡的门口坡道
7	台阶	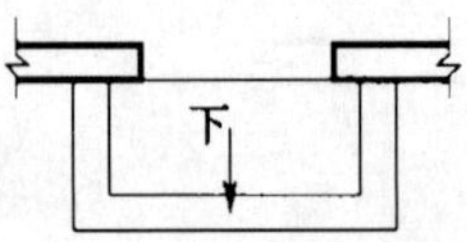	—

续表 1-4

序号	名 称	图 例	备 注
8	平面高差	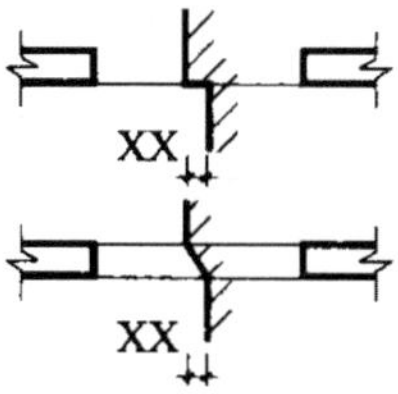	用于高差小的地面或楼面交接处，并应与门的开启方向协调
9	检查口		左图为可见检查口，右图为不可见检查口
10	孔洞		阴影部分亦可填充灰度或涂色代替
11	坑槽		—
12	墙预留洞、槽	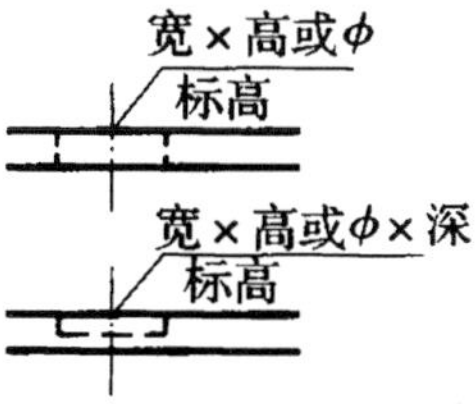 宽×高或φ 标高 宽×高或φ×深 标高	1）上图为预留洞，下图为预留槽； 2）平面以洞（槽）中心定位； 3）标高以洞（槽）底或中心定位； 4）宜以涂色区别墙体和预留洞（槽）
13	地沟	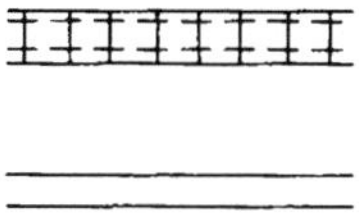	上图为有盖板地沟，下图为无盖板明沟
14	烟道	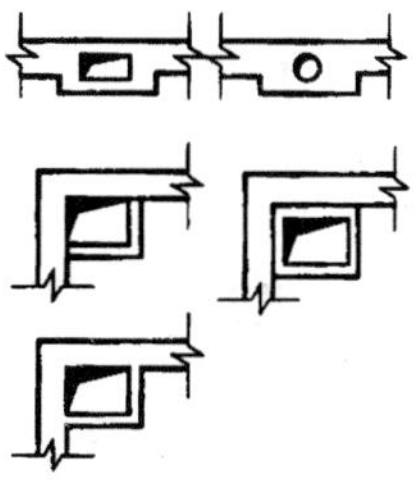	1）阴影部分亦可填充灰度或涂色代替； 2）烟道、风道与墙体为相同材料，其相接处墙身线应连通； 3）烟道、风道根据需要增加不同材料的内衬
15	风道	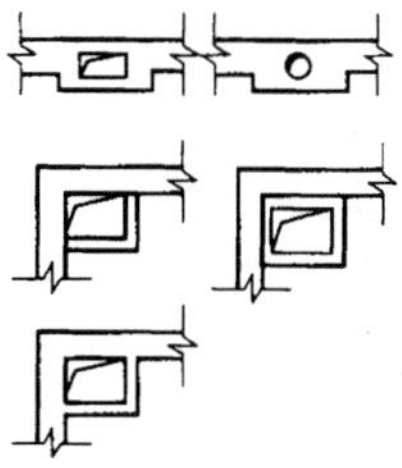	

装饰装修工程识图精讲100例

续表 1 – 4

序号	名　称	图　例	备　注
16	新建的墙和窗	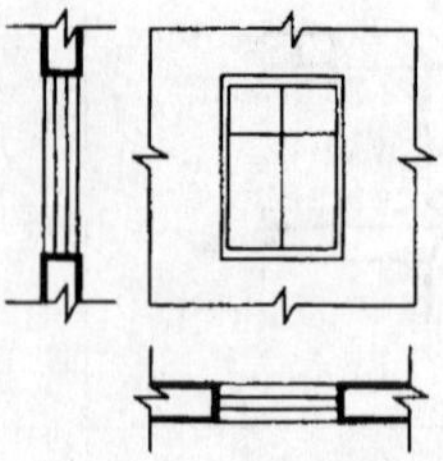	—
17	改建时保留的墙和窗	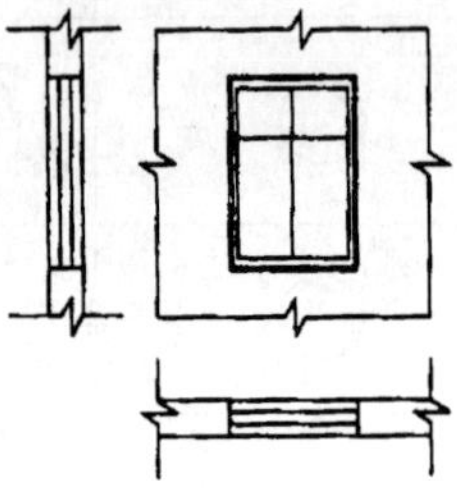	只更换窗，应加粗窗的轮廓线
18	拆除的墙	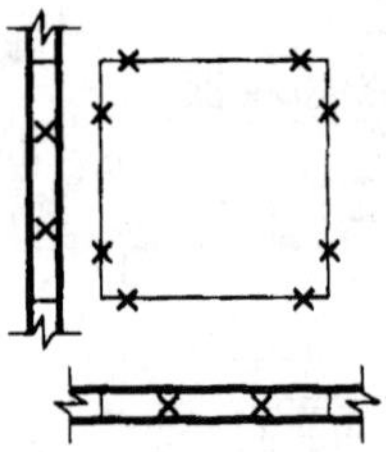	—
19	改建时在原有墙或楼板新开的洞	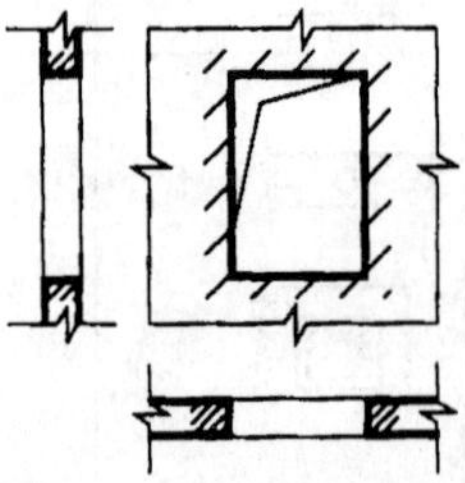	—
20	在原有墙或楼板洞旁扩大的洞	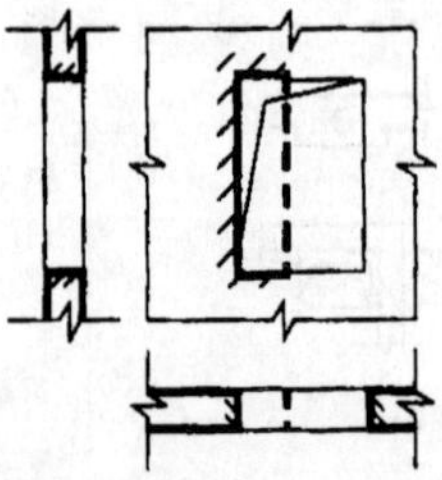	图示为洞口向左边扩大

续表 1－4

序号	名 称	图 例	备 注
21	在原有墙或楼板上全部填塞的洞	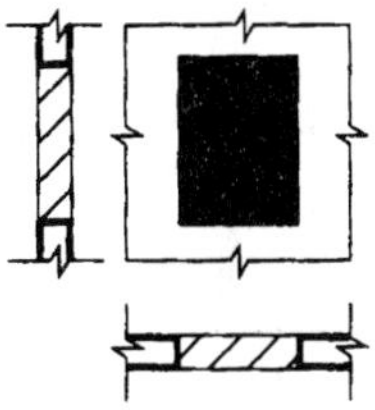	全部填塞的洞 图中立面填充灰度或涂色
22	在原有墙或楼板上局部填塞的洞	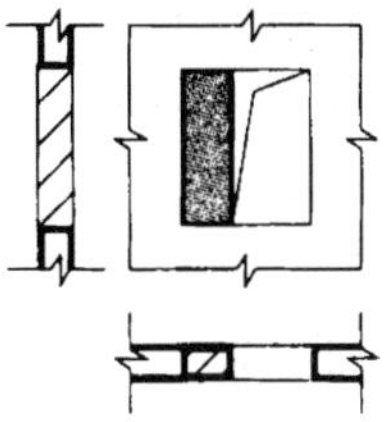	左侧为局部填塞的洞 图中立面填充灰度或涂色
23	空门洞	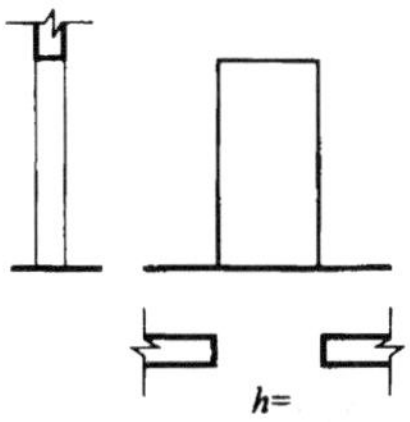 $h=$	h 为门洞高度
24	单面开启单扇门（包括平开或单面弹簧）	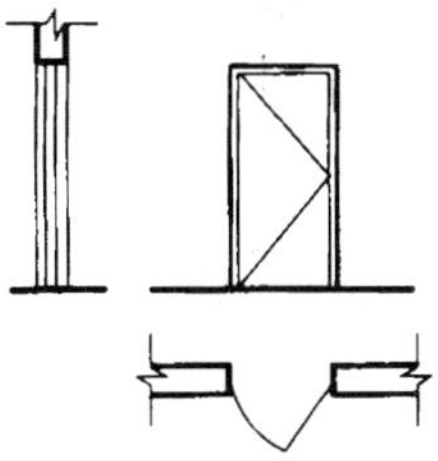	1）门的名称代号用 M 表示； 2）平面图中，下为外，上为内；门开启线为90°、60°或45°，开启弧线宜绘出； 3）立面图中，开启线实线为外开，虚线为内开。开启线交角的一侧为安装合页一侧。开启线在建筑立面图中可不表示，在立面大样图中可根据需要绘出； 4）剖面图中，左为外，右为内； 5）附加纱扇应以文字说明，在平、立、剖面图中均不表示； 6）立面形式应按实际情况绘制
	双面开启单扇门（包括双面平开或双面弹簧）	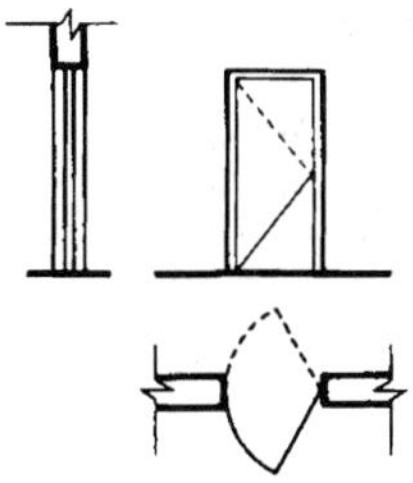	
	双层单扇平开门	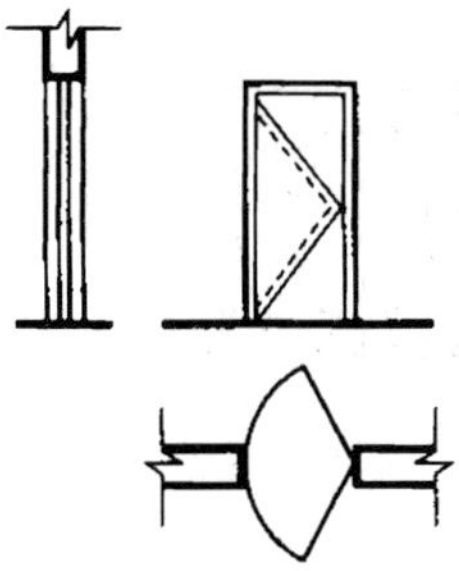	

续表 1 – 4

序号	名　称	图　例	备　注
25	单面开启双扇门（包括平开或单面弹簧）	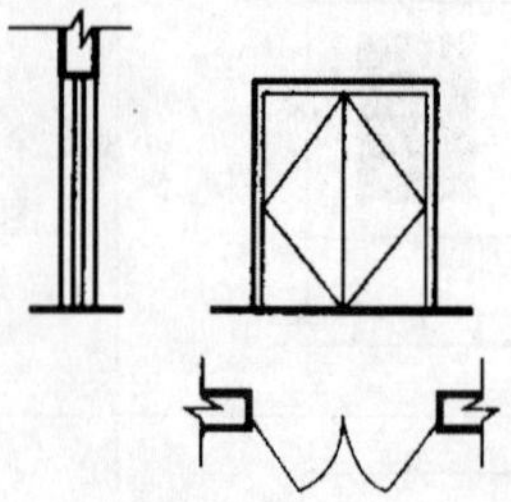	1）门的名称代号用 M 表示； 2）平面图中，下为外，上为内；门开启线为90°、60°或45°，开启弧线宜绘出； 3）立面图中，开启线实线为外开，虚线为内开，开启线交角的一侧为安装合页一侧。开启线在建筑立面图中可不表示，在立面大样图中可根据需要绘出； 4）剖面图中，左为外，右为内； 5）附加纱扇应以文字说明，在平、立、剖面图中均不表示； 6）立面形式应按实际情况绘制
	双面开启双扇门（包括双面平开或双面弹簧）		
	双层双扇平开门		
26	折叠门	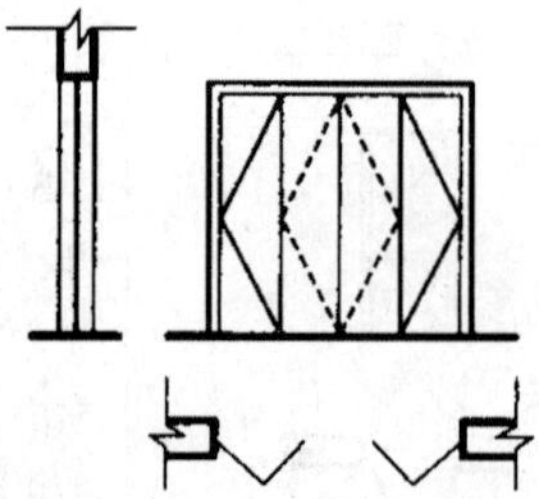	1）门的名称代号用 M 表示； 2）平面图中，下为外，上为内； 3）立面图中，开启线实线为外开，虚线为内开，开启线交角的一侧为安装合页一侧； 4）剖面图中，左为外，右为内； 5）立面形式应按实际情况绘制
	推拉折叠门		

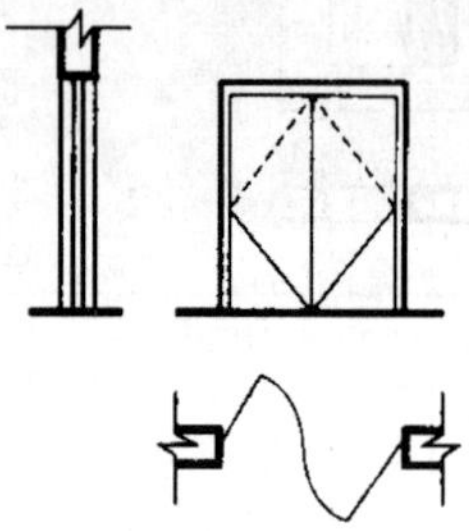

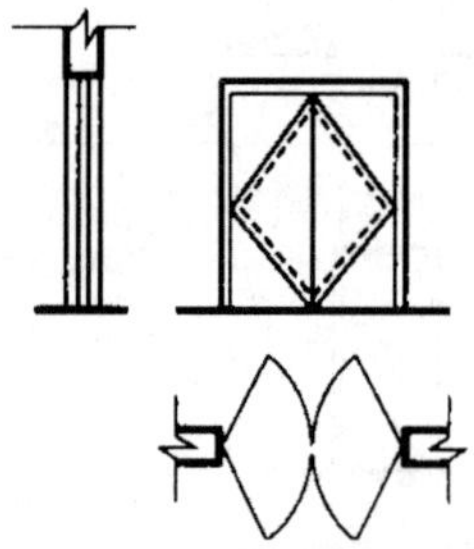

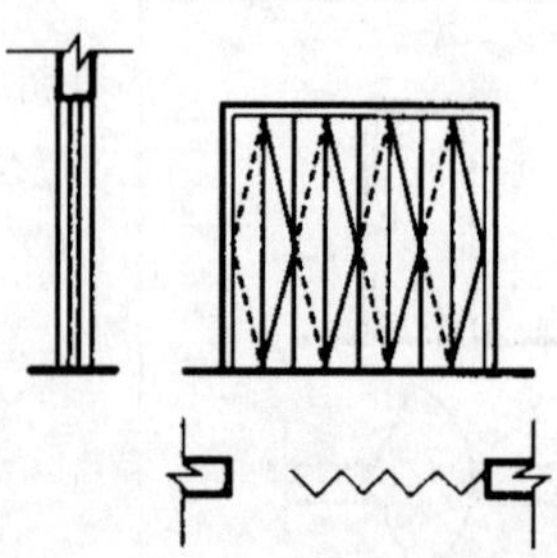

续表 1-4

序号	名　称	图　例	备　注
27	墙洞外单扇推拉门	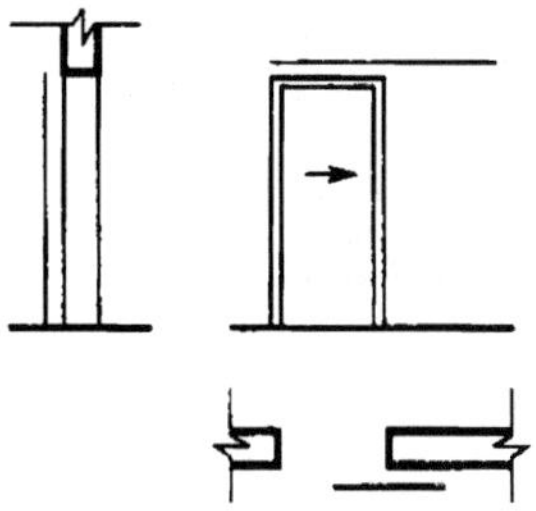	1）门的名称代号用 M 表示； 2）平面图中，下为外，上为内； 3）剖面图中，左为外，右为内； 4）立面形式应按实际情况绘制
	墙洞外双扇推拉门	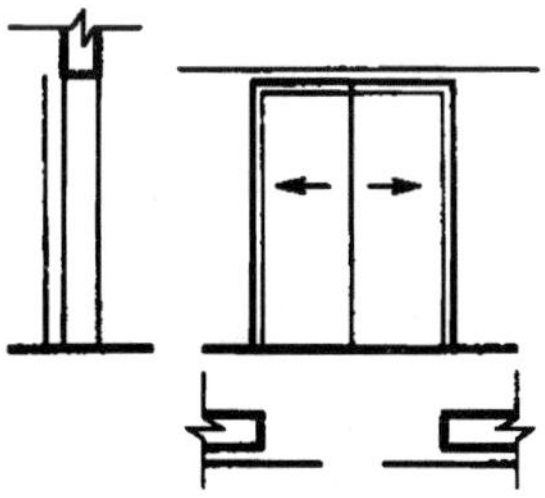	
	墙中单扇推拉门	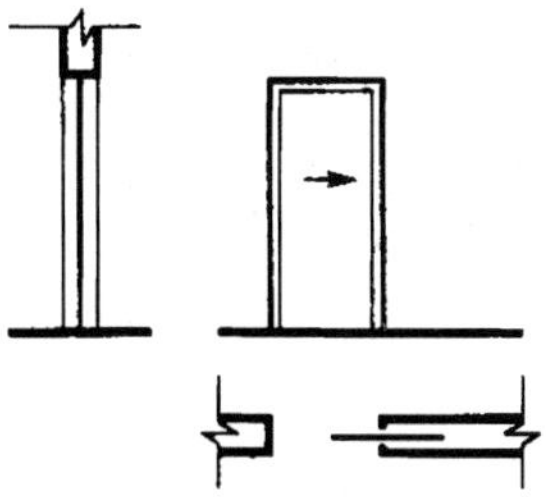	1）门的名称代号用 M 表示； 2）立面形式应按实际情况绘制
	墙中双扇推拉门	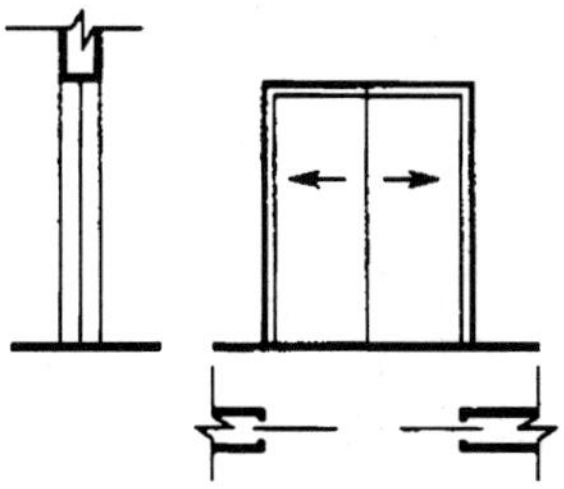	

续表 1-4

序号	名　称	图　例	备　注
28	推杠门	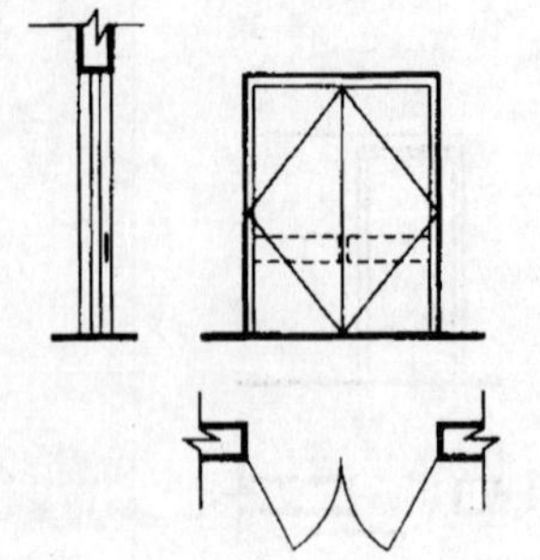	1）门的名称代号用 M 表示； 2）平面图中，下为外，上为内；门开启线为90°、60°或45°； 　3）立面图中，开启线实线为外开，虚线为内开，开启线交角的一侧为安装合页一侧。开启线在建筑立面图中可不表示，在室内设计门窗立面大样图中需绘出； 　4）剖面图中，左为外，右为内； 　5）立面形式应按实际情况绘制
29	门连窗	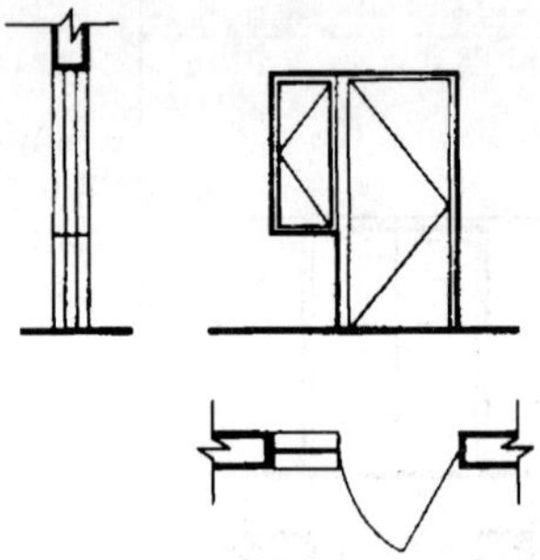	
30	旋转门	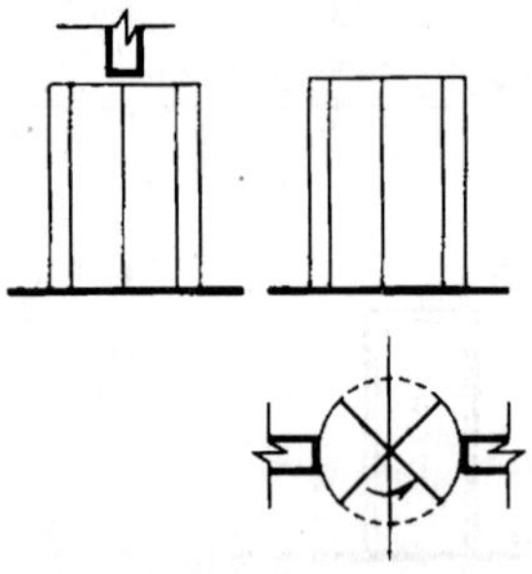	
	两翼智能旋转门	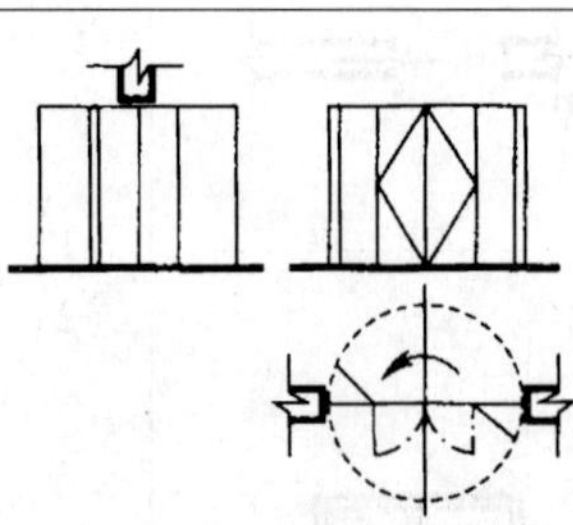	1）门的名称代号用 M 表示； 2）立面形式应按实际情况绘制
31	自动门	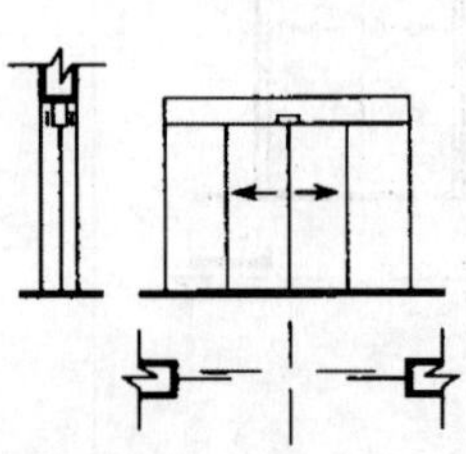	

续表 1-4

序号	名　　称	图　　例	备　　注
32	折叠上翻门	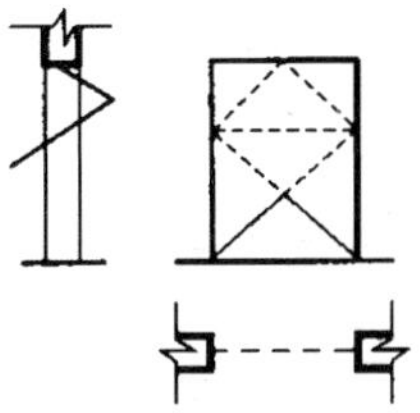	1）门的名称代号用 M 表示； 2）平面图中，下为外，上为内； 3）剖面图中，左为外，右为内； 4）立面形式应按实际情况绘制
33	提升门	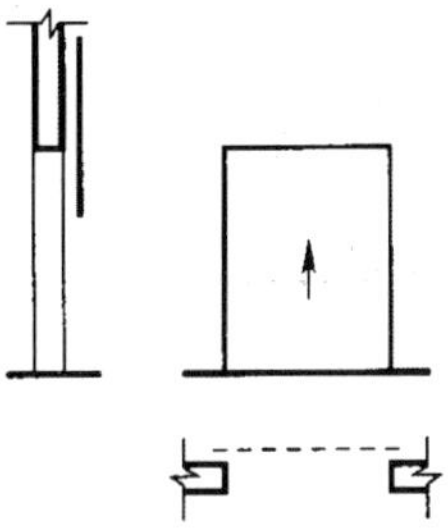	1）门的名称代号用 M 表示； 2）立面形式应按实际情况绘制
34	分节提升门	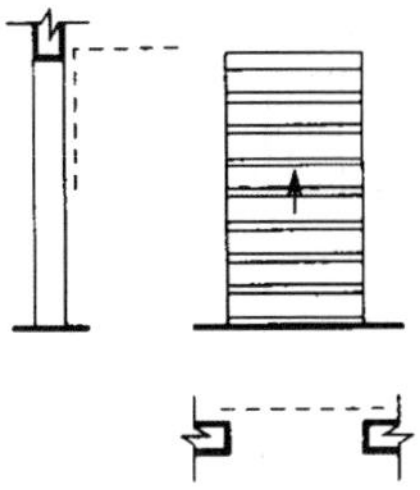	
35	人防单扇 防护密闭门	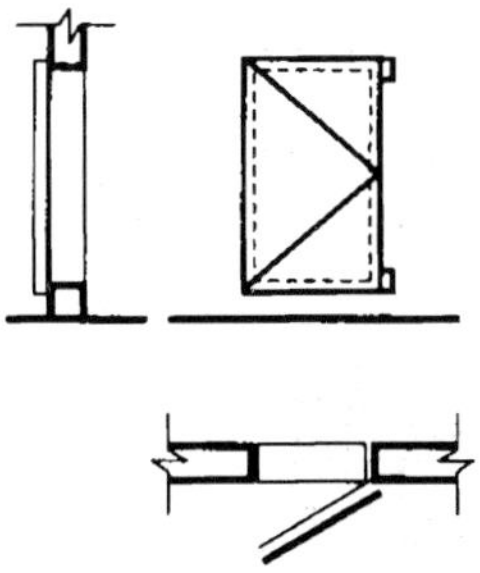	1）门的名称代号按人防要求表示； 2）立面形式应按实际情况绘制
	人防单扇密闭门	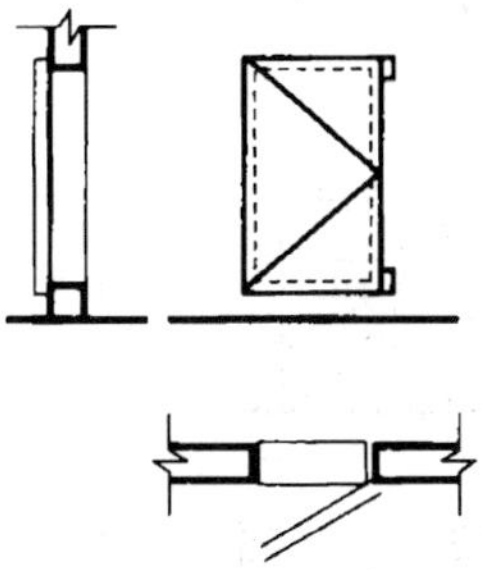	

续表 1-4

序号	名　称	图　例	备　注
36	人防双扇防护密闭门		1）门的名称代号按人防要求表示； 2）立面形式应按实际情况绘制
	人防双扇密闭门		
37	横向卷帘门		—
	竖向卷帘门		
	单侧双层卷帘门		
	双侧单层卷帘门		

续表 1 – 4

序号	名　称	图　例	备　注
38	固定窗		
39	上悬窗 中悬窗		1）窗的名称代号用 C 表示； 2）平面图中，下为外，上为内； 3）立面图中，开启线实线为外开，虚线为内开，开启线交角的一侧为安装合页一侧。开启线在建筑立面图中可不表示，在门窗立面大样图中需绘出； 4）剖面图中，左为外，右为内。虚线仅表示开启方向，项目设计不表示； 5）附加纱窗应以文字说明，在平、立、剖面图中均不表示； 6）立面形式应按实际情况绘制
40	下悬窗	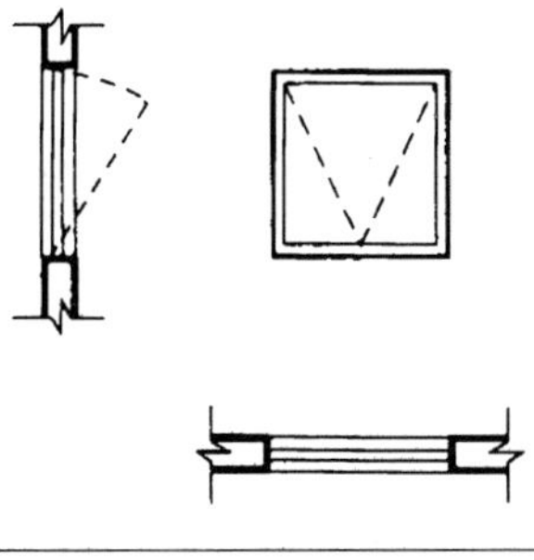	
41	立转窗	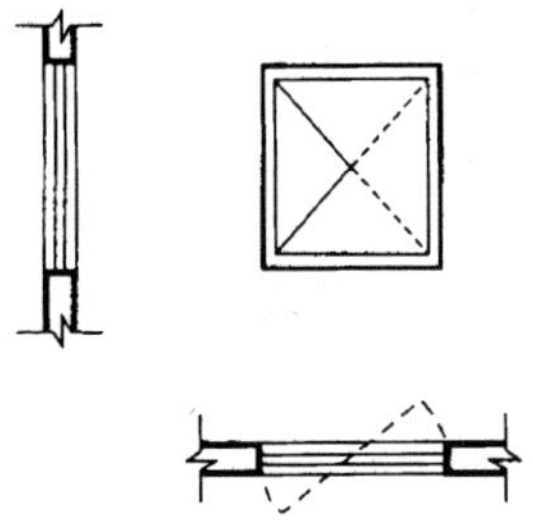	

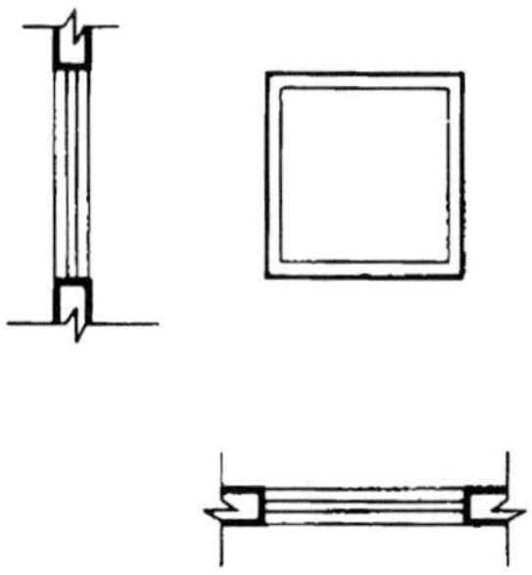

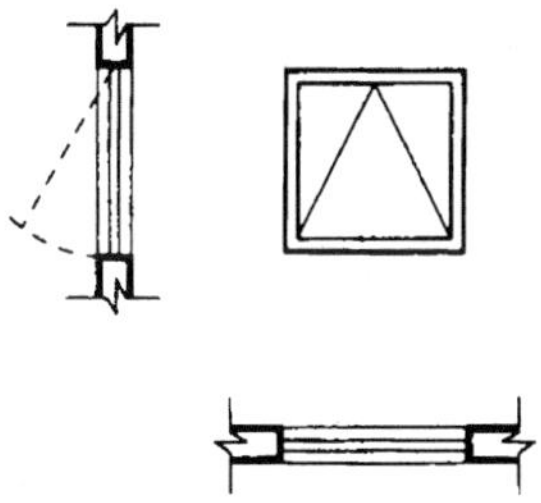

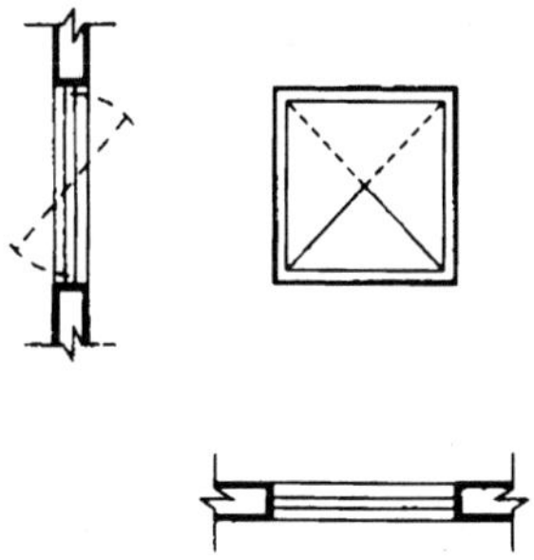

续表 1 −4

序号	名　称	图　例	备　注
42	内开平开内倾窗	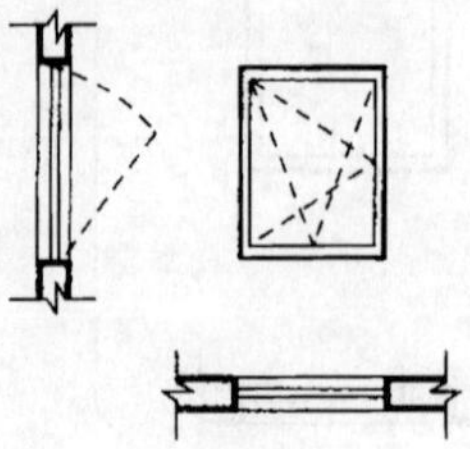	
43	单层外开平开窗	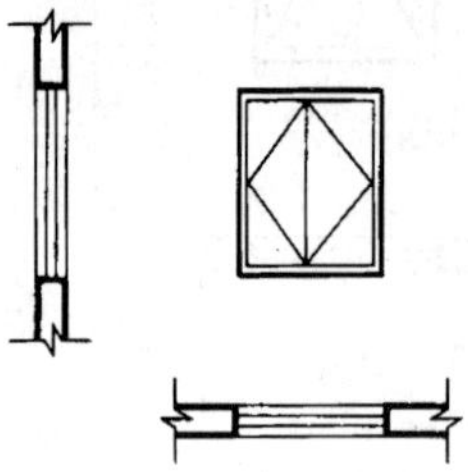	1）窗的名称代号用 C 表示； 2）平面图中，下为外，上为内； 　3）立面图中，开启线实线为外开，虚线为内开，开启线交角的一侧为安装合页一侧。开启线在建筑立面图中可不表示，在门窗立面大样图中需绘出； 　4）剖面图中，左为外，右为内。虚线仅表示开启方向，项目设计不表示； 　5）附加纱窗应以文字说明，在平、立、剖面图中均不表示； 　6）立面形式应按实际情况绘制
	单层内开平开窗	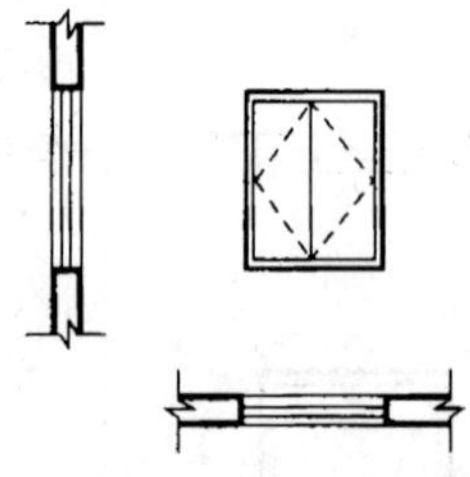	
	双层内外开 平开窗	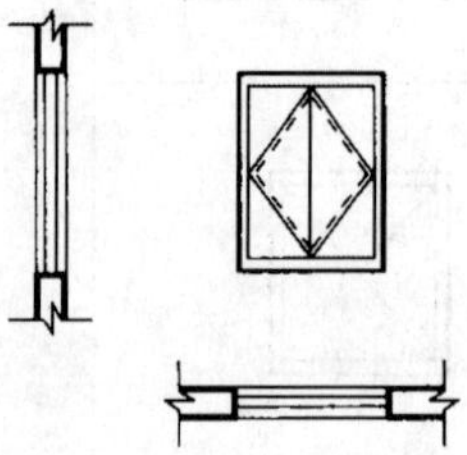	

续表 1－4

序号	名　称	图　例	备　注
44	单层推拉窗	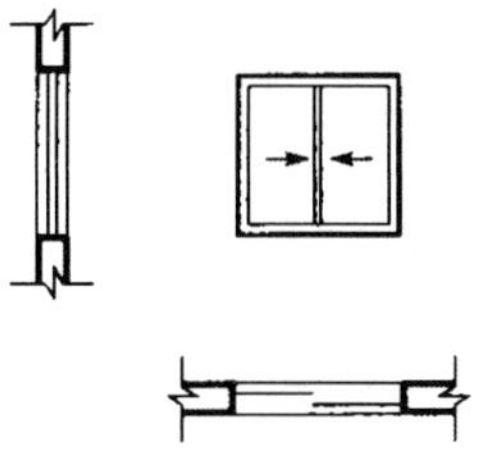	
	双层推拉窗	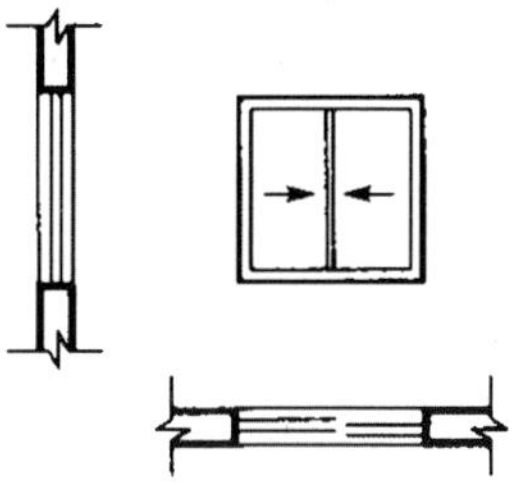	1）窗的名称代号用 C 表示； 2）立面形式应按实际情况绘制
45	上推窗	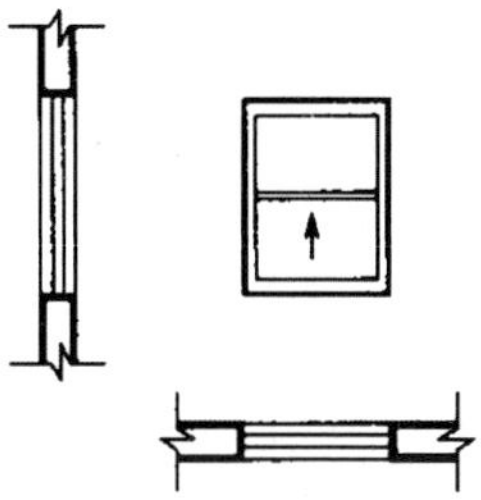	
46	百叶窗	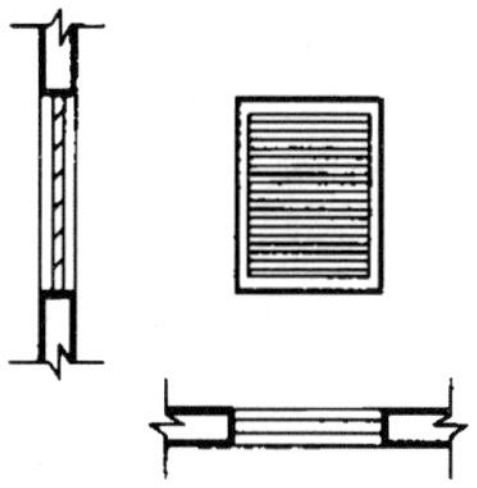	
47	高窗	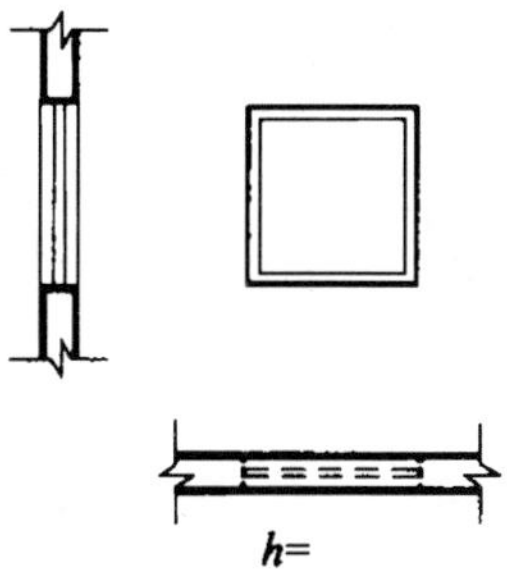 $h=$	1）窗的名称代号用 C 表示； 2）立面图中，开启线实线为外开，虚线为内开，开启线交角的一侧为安装合页一侧。开启线在建筑立面图中可不表示，在门窗立面大样图中需绘出； 3）剖面图中，左为外，右为内； 4）立面形式应按实际情况绘制； 5）h 表示高窗底距本层地面高度； 6）高窗开启方式参考其他窗型

续表 1-4

序号	名 称	图 例	备 注
48	平推窗	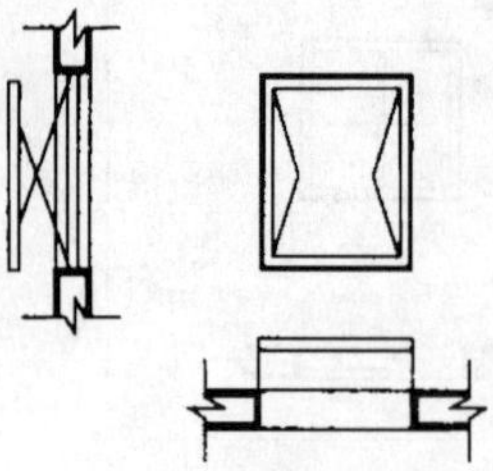	1）窗的名称代号用 C 表示； 2）立面形式应按实际情况绘制

1.2.3 常用家具图例

常用家具图例应按表 1-5 所示图例画法绘制。

表 1-5 常用家具图例

序号	名 称		图 例	备 注
1	沙发	单人沙发	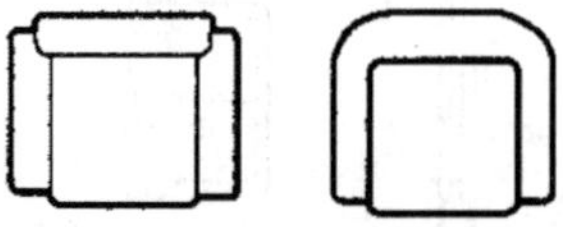	1）立面样式根据设计自定； 2）其他家具图例根据设计自定
		双人沙发		
		三人沙发		
2	办公桌			
3	椅	办公椅		
		休闲椅		

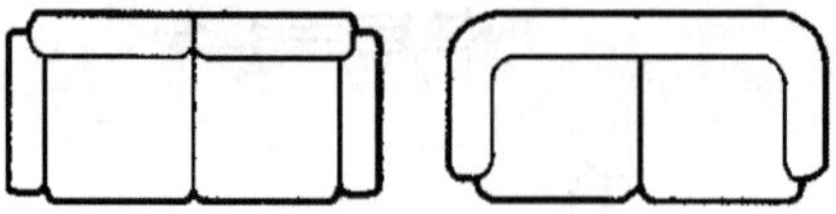

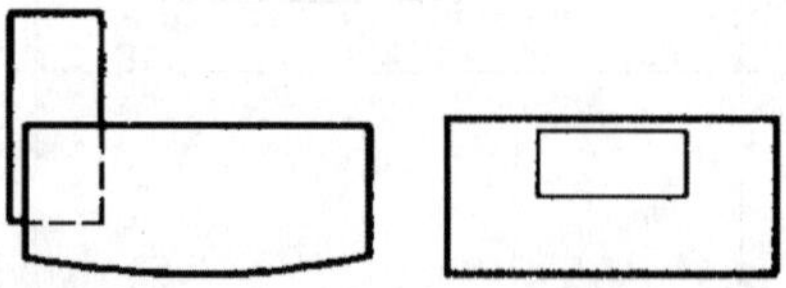

续表 1－5

序号	名　称		图　　例	备　　注
3	椅	躺椅		1）立面样式根据设计自定； 2）其他家具图例根据设计自定
4	床	单人床		
		双人床		
5	橱柜	衣柜		1）柜体的长度及立面样式根据设计自定； 2）其他家具图例根据设计自定
		低柜		
		高柜		

1.2.4　常用电器图例

常用电器图例应按表 1－6 所示图例画法绘制。

表 1-6 常用电器图例

序号	名 称	图 例	备 注
1	电视	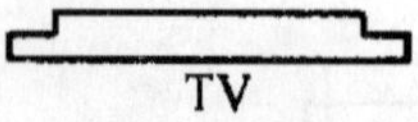 TV	
2	冰箱	 REF	
3	空调	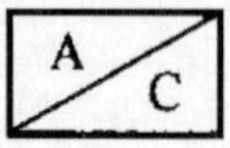 A / C	
4	洗衣机	 W / M	1）立面样式根据设计自定； 2）其他电器图例根据设计自定
5	饮水机	 WD	
6	电脑	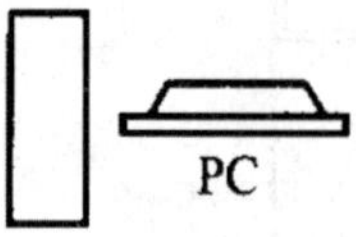 PC	
7	电话	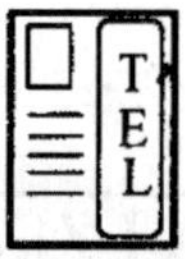 TEL	

1.2.5 常用厨具图例

常用厨具图例应按表 1-7 所示图例画法绘制。

表 1-7 常用厨具图例

序号	名 称		图 例	备 注
1	灶具	单头灶		1）立面样式根据设计自定； 2）其他厨具图例根据设计自定
		双头灶		

续表 1-7

序号	名　称		图　例	备　注
1	灶具	三头灶	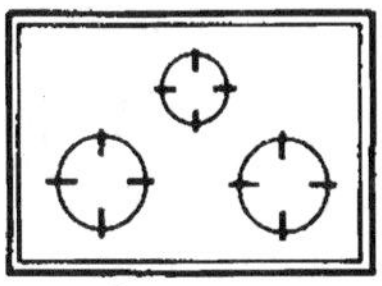	1）立面样式根据设计自定； 2）其他厨具图例根据设计自定
		四头灶	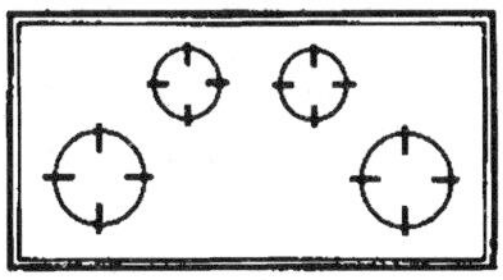	
		六头灶	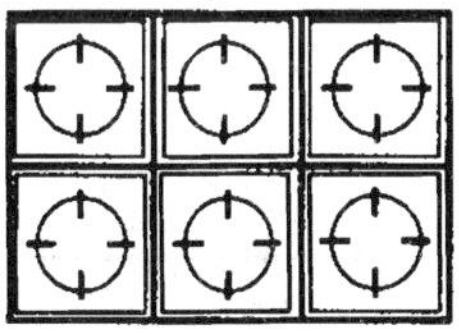	
2	水槽	单盆	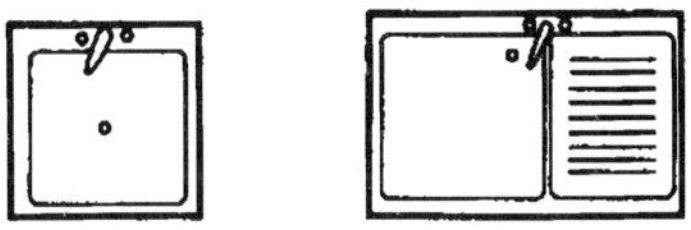	
		双盆	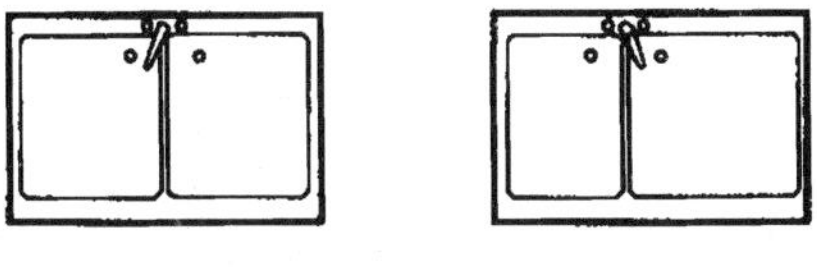	

1.2.6　常用洁具图例

常用洁具图例宜按表 1-8 所示图例画法绘制。

表 1-8　常用洁具图例

序号	名　称		图　例	备　注
1	大便器	坐式	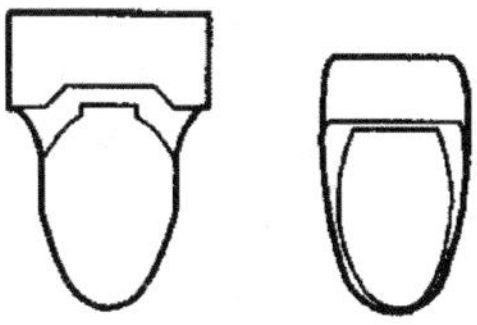	1）立面样式根据设计自定； 2）其他洁具图例根据设计自定

续表 1 - 8

序号	名　称		图　例	备　注
1	大便器	蹲式		
2	小便器			
3	台盆	立式		1）立面样式根据设计自定； 2）其他洁具图例根据设计自定
		台式		
		挂式		
4	污水池			
5	浴缸	长方形		
		三角形		

续表 1-8

序号	名 称		图 例	备 注
5	浴缸	圆形	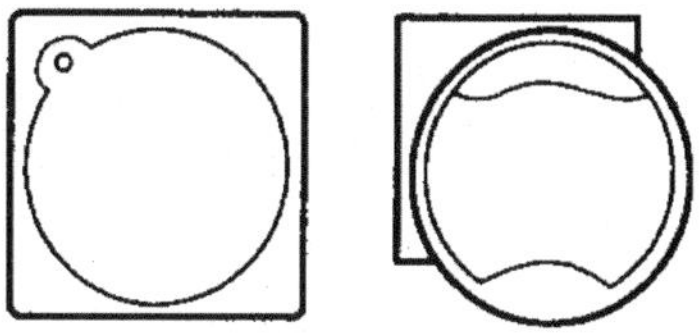	1）立面样式根据设计自定； 2）其他洁具图例根据设计自定
6	淋浴房		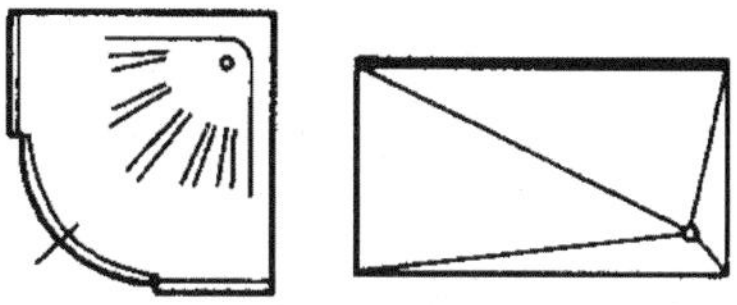	

1.2.7 室内常用景观配饰图例

室内常用景观配饰图例宜按表 1-9 所示图例画法绘制。

表 1-9　室内常用景观配饰图例

序号	名 称		图 例	备 注
1	阔叶植物		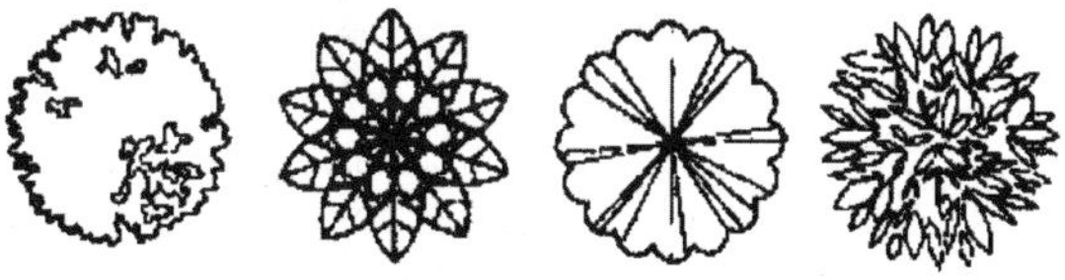	1）立面样式根据设计自定； 2）其他景观配饰图例根据设计自定
2	针叶植物		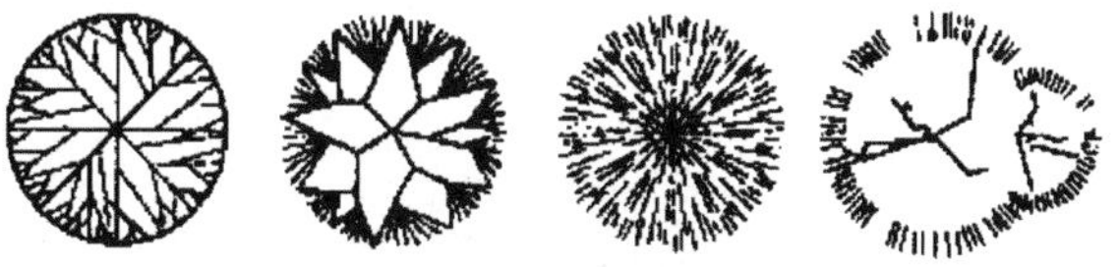	
3	落叶植物		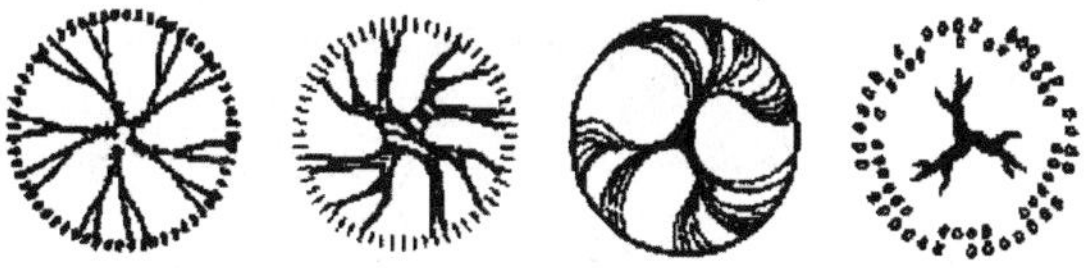	
4	盆景类	树桩类		
		观花类		

续表 1－9

序号	名　称	图　例	备　注
4	盆景类　观叶类		1）立面样式根据设计自定； 2）其他景观配饰图例根据设计自定
	盆景类　山水类		
5	插花类		
6	吊挂类		
7	棕榈植物		
8	水生植物		
9	假山石		
10	草坪		
11	铺地　卵石类		
	铺地　条石类		
	铺地　碎石类		

1.2.8 常用灯光照明图例

常用灯光照明图例应按表1-10所示图例画法绘制。

表1-10 常用灯光照明图例

序号	名 称	图 例
1	艺术吊灯	
2	吸顶灯	
3	筒灯	
4	射灯	
5	轨道射灯	
6	格栅射灯	（单头） （双头） （三头）
7	格栅荧光灯	（正方形） （长方形）
8	暗藏灯带	----------
9	壁灯	
10	台灯	
11	落地灯	
12	水下灯	

续表 1 – 10

序号	名 称	图 例
13	踏步灯	
14	荧光灯	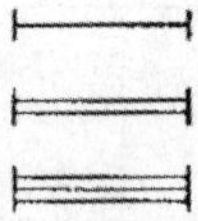
15	投光灯	
16	泛光灯	
17	聚光灯	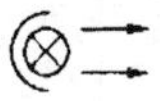

1.2.9 常用设备图例

常用设备图例应按表 1 – 11 所示图例画法绘制。

表 1 – 11 常用设备图例

序号	名 称	图 例
1	送风口	 （条形） （方形）
2	回风口	 （条形） （方形）
3	侧送风、侧回风	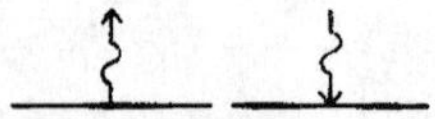
4	排气扇	
5	风机盘管	 （立式明装） 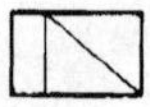（卧式明装）

续表 1-11

序号	名 称	图 例
6	安全出口	EXIT
7	防火卷帘	 —(F)—
8	消防自动喷淋头	 —⊙—
9	感温探测器	
10	感烟探测器	 S
11	室内消火栓	◢ (单口) ◤◢ (双口)
12	扬声器	

1.2.10 常用开关、插座图例

常用开关、插座图例应按表 1-12、表 1-13 所示图例画法绘制。

表 1-12 开关、插座立面图例

序号	名 称	图 例
1	单相二极电源插座	
2	单相三极电源插座	
3	单相二、三极电源插座	
4	电话、信息插座	(单孔) (双孔)
5	电视插座	◎ (单孔) ◎◎ (双孔)
6	地插座	

续表 1 –12

序号	名　称	图　例
7	连接盒、接线盒	⊙
8	音响出线盒	 Ⓜ
9	单联开关	▢
10	双联开关	 ▢▢
11	三联开关	▥
12	四联开关	▥
13	锁匙开关	▭
14	请勿打扰开关	DTD
15	可调节开关	▣
16	紧急呼叫按钮	▣

表 1 –13　开关、插座平面图例

序号	名　称	图　例
1	（电源）插座	
2	三个插座	
3	带保护极的（电源）插座	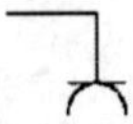
4	单相二、三极电源插座	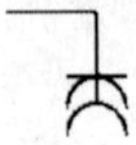
5	带单极开关的（电源）插座	

续表 1－13

序号	名　　称	图　　例
6	带保护极的单极开关的（电源）插座	
7	信息插座	
8	电接线箱	
9	公用电话插座	
10	直线电话插座	
11	传真机插座	
12	网络插座	
13	有线电视插座	
14	单联单控开关	
15	双联单控开关	
16	三联单控开关	
17	单极限时开关	
18	双极开关	
19	多位单极开关	
20	双控单极开关	
21	按钮	
22	配电箱	

2 装饰装修工程施工图识读内容与方法

2.1 装饰装修施工平面图

2.1.1 识读内容

1. 装饰装修平面布置图

1）建筑平面基本结构和尺寸。装饰平面布置图是在图示建筑平面图的有关内容，包括建筑平面图上由剖切引起的墙柱断面和门窗洞口、定位轴线及其编号、建筑平面结构的各部尺寸、室外台阶、雨篷、花台、阳台及室内楼梯和其他细部布置等内容。上述内容，在无特殊要求的情况下，均应按照原建筑平面图套用，具体表示方法与建筑平面图相同。

当然，装饰平面布置图应突出装饰结构与布置，对建筑平面图上的内容也不是丝毫不漏的完全照搬。

2）装饰结构的平面形式和位置。装饰平面布置图需要表明楼地面、门窗和门窗套、护壁板或墙裙、隔断、装饰柱等装饰结构的平面形式和位置。

3）室内外配套装饰设置的平面形状和位置。装饰平面布置图还要标明室内家具、陈设、绿化、配套产品和室外水池、装饰小品等配套设置体的平面形状、数量和位置。这些布置当然不能将实物原形画在平面布置图上，只能借助一些简单、明确的图例来表示。

2. 顶棚平面图

1）表明墙柱和门窗洞口位置。顶棚平面图通常都采用镜像投影法绘制。用镜像投影法绘制的顶棚平面图，其图形上的前后、左右位置与装饰平面布置图完全相同，纵横轴线的排列也与之相同。因此，在图示墙柱断面和门窗洞口以后，不必再重复标注轴间尺寸、洞口尺寸和洞间墙尺寸，这些尺寸可对照平面布置图阅读。定位轴线和编号也不必每轴都标，只在平面图形的四角部分标出，能确定它与平面布置图的对应位置即可。

顶棚平面图通常不图示门扇及其开启方向线，只图示门窗过梁底面。为区别门洞与窗洞，窗扇用一条细虚线表示。

2）表明顶棚装饰造型的平面形式和尺寸，并通过附加文字说明其所用材料、色彩及工艺要求。顶棚的选级变化应结合造型平面分区线用标高的形式来表示，由于所注是顶棚各构件底面的高度，因而标高符号的尖端应向上。

3）表明顶部灯具的种类、式样、规格、数量及布置形式和安装位置。顶棚平面图上的小型灯具按比例画出它的正投影外形轮廓，力求简明概括，并附加文字说明。

4）表明空调风口、顶部消防与音响设备等设施的布置形式与安装位置。

5）表明墙体顶部有关装饰配件（如窗帘盒、窗帘等）的形式和位置。

6）表明顶棚剖面构造详图的剖切位置及剖面构造详图的所在位置。作为基本图的装饰剖面图，其剖切符号不在顶棚图上标注。

3. 室内平面布置图

室内平面布置图识读内容主要包括：

1）建筑平面图的基本内容，如墙柱与定位轴线、房间布局与名称、门窗位置及编号、门的开启方向等。

2）室内楼（地）面标高。

3）室内固定家具、活动家具、家用电器等的位置。

4）装饰陈设、绿化美化等位置及图例符号。

5）室内立面图的内视投影符号。

6）室内现场制作家具的定型、定位尺寸。

7）房屋外围尺寸及轴线编号等。

8）索引符号、图名及必要的说明等。

4. 室外装饰造型平面图

室外装饰造型平面图识读内容主要包括：

1）装饰面层的轮廓线水平投影（需要时可画出装饰面层以内的龙骨和墙的水平投影）。

2）室外台阶、门窗、雨水管等的投影。

3）装饰面层的水平尺寸、选材、做法等技术要求。

4）索引符号、说明、图名、比例等。

5. 地面布置图

地面布置图主要以反映地面装饰分格、材料选用为主，识读内容有：

1）建筑平面图的基本内容。

2）室内楼地面材料选用、颜色与分格尺寸以及地面标高等。

3）楼地面拼花造型。

4）索引符号、图名及必要的说明。

2.1.2 识读方法

1. 装饰装修平面布置图

1）看装饰平面布置图要先看图名、比例、标题栏，认定该图是什么平面图。再看建筑平面基本结构及其尺寸，把各房间名称、面积，以及门窗、走廊、楼梯等的主要位置和尺寸了解清楚。然后看建筑平面结构内的装饰结构和装饰设置的平面布置等内容。

2）通过对各房间和其他空间主要功能的了解，明确为满足功能要求所设置的设备与设施的种类、规格和数量，以便制定相关的购买计划。

3）通过图中对装饰面的文字说明，了解各装饰面对材料规格、品种、色彩和工艺制作的要求，明确各装饰面的结构材料与饰面材料的衔接关系与固定方式，并结合面积作材料计划和施工安排计划。

4）面对众多的尺寸，要注意区分建筑尺寸和装饰尺寸。在装饰尺寸中，又要能分清其中的定位尺寸、外形尺寸和结构尺寸。

定位尺寸是确定装饰面或装饰物在平面布置图上位置的尺寸。在平面图上需两个定位尺寸才能确定一个装饰物的平面位置，其基准往往是建筑结构面。

外形尺寸是装饰面或装饰物的外轮廓尺寸，由此可确定装饰面或装饰物的平面形状与大小。

结构尺寸是组成装饰面和装饰物各构件及其相互关系的尺寸。由此可确定各种装饰材料的规格，以及材料之间、材料与主体结构之间的连接固定方法。

平面布置图上为了避免重复，同样的尺寸往往只代表性地标注一个，读图时要注意将相同的构件或部件归类。

5）通过平面布置图上的投影符号，明确投影面编号和投影方向，并进一步查出各投影方向的立面图。

6）通过平面布置图上的剖切符号，明确剖切位置及其剖视方向，进一步查阅相应的剖面图。

7）通过平面布置图上的索引符号，明确被索引部位及详图所在位置。

概括起来，阅读装饰平面布置图应抓住面积、功能、装饰面、设施以及与建筑结构的关系这五个要点。

2. 顶棚平面图

1）首先应弄清楚顶棚平面图与平面布置图各部分的对应关系，核对顶棚平面图与平面布置图在基本结构和尺寸上是否相符。

2）对于某些有选级变化的顶棚，要分清它的标高尺寸和线型尺寸，并结合造型平面分区线，在平面上建立起二维空间的尺度概念。

3）通过顶棚平面图，了解顶部灯具和设备设施的规格、品种与数量。

4）通过顶棚平面图上的文字标注，了解顶棚所用材料的规格、品种及其施工要求。

5）通过顶棚平面图上的索引符号，找出详图对照着阅读，弄清楚顶棚的详细构造。

2.2 装饰装修施工立面图

2.2.1 识读内容

1. 室内外装饰立面图

室内外装饰立面图识读内容主要包括：

1）图名、比例和立面图两端的定位轴线及其编号。

2）在装饰立面图上使用相对标高，即以室内地面为标高零点，并以此为基准来标明装饰立面图上有关部位的标高。

3）表明室内外立面装饰的造型和式样，并用文字说明其饰面材料的品名、规格、色彩和工艺要求。

4）表明室内外立面装饰造型的构造关系与尺寸。

5）表明各种装饰面的衔接收口形式。

6）表明室内外立面上各种装饰品的式样、位置和大小尺寸。

7）表明门窗、花格、装饰隔断等设施的高度尺寸和安装尺寸。

8）表明室内外景园小品或其他艺术造型体的立面形状和高低错落位置尺寸。

9）表明室内外立面上的所用设备及其位置尺寸和规格尺寸。

10）表明详图所示部位及详图所在位置。作为基本图的装饰剖面图，其剖切符号一般不应在立面图上标注。

11）作为室内装饰立面图，还要表明家具和室内配套产品的安放位置和尺寸。如采用剖面图示形式的室内装饰立画图，还要表明顶棚的选级变化和相关尺寸。

12）建筑装饰立画图的线型选择和建筑立面图基本相同。唯有细部描绘应注意力求概括，不得喧宾夺主，所有为增加效果的细节描绘均应该以细淡线表示。

2. 室外装饰骨架立面图

室外装饰骨架立面图识读内容主要包括：

1）房屋轮廓、门窗洞口、室外台阶、室外地坪线等的投影。

2）各种骨架的布局、定位尺寸和标高。

3）索引符号、做法说明、图名及比例等。

2.2.2　识读方法

1）明确建筑装饰立面图上与该工程有关的各部分尺寸和标高。

2）通过图中不同线型的含义，搞清楚立面上各种装饰造型的凹凸起伏变化和转折关系。

3）弄清楚每个立面上有几种不同的装饰面，以及这些装饰面所选用的材料与施工工艺要求。

4）立面上各装饰面之间的衔接收口较多，这些内容在立面图上表现得比较概括，多在节点详图中详细表明。要注意找出这些详图，明确它们的收口方式、工艺和所用材料。

5）明确装饰结构之间以及装饰结构与建筑结构之间的连接固定方式，以便提前准备预埋件和紧固件。

6）要注意设施的安装位置，电源开关、插座的安装位置和安装方式，以便在施工中预留位置。

阅读室内装饰立面图时，要结合平面布置图、顶棚平面图和该室内其他立面图对照阅读，明确该室内的整体做法与要求。

1）首先确定要识读的室内立面图所有房间位置，按房间顺序识读室内立面图。

2）在平面布置图中按照内视符号的指向，从中选择要识读的室内立面图。

3）在平面布置图中明确该墙面位置有哪些固定家具和室内陈设等，并注意其定位、定形尺寸，做到对所读墙（柱）面位置的家具、陈设等有一个基本了解。

4）详细识读室内立面图，注意墙装饰造型及装饰面的尺寸、范围、选材、颜色及相应做法。

5）查看立面标高、其他细部尺寸、索引符号等。

阅读室外装饰立面图时，要结合平面布置图和该部位的装饰剖面图综合阅读，全面弄清楚它的构造关系。

2.3　装饰装修施工剖面图

2.3.1　识读内容

建筑装饰剖面图的表示方法与建筑剖面图大致相同，下面主要介绍它的基本内容。

1）表明建筑的剖面基本结构和剖切空间的基本形状，并标注出所需的建筑主体结构的有关尺寸和标高。

2）表明装饰结构的剖面形状、构造形式、材料组成及固定与支承构件的相互关系。

3）表明装饰结构与建筑主体结构之间的衔接尺寸与连接方式。

4）表明剖切空间内可见实物的形状、大小与位置。

5）表明装饰结构和装饰面上的设备安装方式或固定方法。

6）表明某些装饰构件、配件的尺寸，工艺做法与施工要求，另有详图的可概括表明。

7）表明节点详图和构配件详图的所示部位与详图所在位置。

8）如果是建筑内部某一装饰空间的剖面图，还要表明剖切空间内与剖切平面平行的墙面装饰形式、装饰尺寸、饰面材料及工艺要求。

9）表明图名、比例和被剖切墙体的定位轴线及其编号，以便与平面布置图和顶棚平面图对照阅读。

2.3.2 识读方法

1）阅读建筑装饰剖面图时，首先要对照平面布置图，看清楚剖切面的编号是否相同，了解该剖面的剖切位置和剖视方向。

2）在众多图像和尺寸中，要分清哪些是建筑主体结构的图像和尺寸，哪些是装饰结构的图像和尺寸。当装饰结构与建筑结构所用材料相同时，它们的剖断面表示方法是一致的。

3）通过对剖面图中所示内容的阅读和研究，明确装饰工程各部位的构造方法、构造尺寸、材料要求及工艺要求。

4）建筑装饰形式变化多，程式化的做法少。作为基本图的装饰剖面图只能表明原则性的技术构成问题，具体细节还需要详图来补充表明。因此，我们在阅读建筑装饰剖面图时，还要注意按图中索引符号所示方向，找出各部位节点详图不断对照仔细阅读，弄清楚各连接点或装饰面之间的衔接方式，以及包边、盖缝、收口等细部的材料、尺寸和详细做法。

5）阅读建筑装饰剖面图要结合平面布置图和天棚平面图进行，某些室外装饰剖面图还要结合装饰立面图来综合阅读，才能全方位地理解剖面图示内容。

2.4 装饰装修施工详图

2.4.1 识读内容

1. 装饰装修详图

装饰装修详图识读内容主要包括：

1）装饰形体的建筑做法。

2）造型样式、材料选用及尺寸标高。

3）所依附的建筑结构材料、连接做法，例如钢筋混凝土与木龙骨、轻钢龙骨等内部骨架的连接图示（剖面或者断面图），选用标准图时应加索引。

4）装饰体基层板材的图示（剖面或者断面图），如石膏板、木工板、多层夹板、密度板、水泥压力板等用于找平的构造层次（通常固定于骨架上）。

5）装饰面层、胶缝以及线角的图示（剖面或者断面图），复杂线角以及造型等还应绘制大样图。

6）色彩及做法说明及工艺要求等。

7）索引符号、图名及比例等。

2．楼梯平面详图

楼梯平面详图识读内容主要包括：

1）楼梯间在建筑中的位置与定位轴线的关系，应与建筑平面图上的一致。

2）楼梯段、休息平台的平面形式和尺寸，楼梯踏面的宽度和踏步级数，以及栏杆扶手的设置情况。

3）楼梯间开间、进深情况，以及墙、窗的平面位置和尺寸。

4）室内外地面、楼面、休息平台的标高。

5）底层楼梯平面图还应标明剖切位置。

3．室外装饰详图

室外装饰详图识读内容主要包括：

1）剖切到的建筑结构轮廓线及其材料图例。

2）与建筑结构相连的骨架投影及其材料图例。

3）基层板（或连接件）的投影及其材料图例。

4）装饰面层的投影及其材料图例。

5）详细尺寸、标高。

6）索引符号、说明、图名、比例等。

2.4.2 识读方法

1）看详图符号，结合装修平面图、装修立面图、装修剖面图，了解详图来自何部位。

2）对于复杂的详图，可将其分成几块，分别进行识读。

3）找出各块的主体，进行重点识读。

4）注意看主体和饰面之间采用何种形式连接。

2.5 家具装饰施工图

2.5.1 识读内容

1．方案设计图

设计图主要表明了家具的外部轮廓、大小、造型形态；表明了各零件部件的形状、位置和组合关系；表明了家具的功能要求、表面分割、内部划分等内容。

设计图中标注的尺寸，主要有总体尺寸，即家具的总深、总宽和总高；特征尺寸或功能尺寸，即考虑到生产条件、零件标准尺寸等的选择后定下的实际尺寸。这两种尺寸并不截然分开，往往某一总体尺寸同时也是功能尺寸，如桌高、椅背高等。同时应注意，图中标注的尺寸基本上也是制作成品的最后尺寸。这是因为视图是按尺寸比例画出的，各部分尺寸在画图过程中又进一步考虑了家具的使用是否方便合理和材料的充分利用。设计图中的透视图与设计草图不一样，它是在视图按尺寸画出后，也按尺寸比例和投影关系画出。

为了使设计图的表达更为详尽周到，还应对该家具的质量要求，包括内外表面的涂饰要求、装配质量、使用的附件或配件的牌号等以及图上不易表示的一些技术条件，在图纸空隙处用文字作简要的说明。

设计图要求绘制精确，符合国家制图规范，透视图要能够忠实反映家具的真实情况，一般应画在标准幅面的图纸上，图框右下角也应有标题栏，写明家具名称和规格以及设计或生产单位名称，这样一张设计图作为全面反映设计要求的文件，给生产者提供了最后成品的各项质量要求和验收条件。

2. 结构装配图

为满足结构装配图的作用，结构装配图要求表现家具的内外结构、零部件装配关系，同时还要能够表达清楚部分零部件的形状和尺寸。

2.5.2 识读方法

1. 方案设计图

识读设计图一般按下列方法识读：

1）看设计图要先看标题栏、图名、比例等，认定该图所表示的是什么家具。

2）通过对基本三视图和透视图的了解，明确家具的主要形象、功能特点。

3）在众多尺寸中，要注意区分总体尺寸和特征尺寸（或功能尺寸）。在装饰尺寸中，又要能分清其中的定位尺寸和外形尺寸。定位尺寸是确定装饰面和装饰物在家具视图上的位置尺寸。在平面图上需两个定位尺寸才能确定一个装饰物的平面位置。外形尺寸是装饰面和装饰物的外轮廓尺寸，由此可看出并确定装饰面和装饰物的平面形状与大小。

4）通过设计图中的文字说明，了解家具对材料规格、品种、色彩和工艺制作的要求，明确结构材料和饰面材料的衔接关系与固定方式，并结合面积作材料计划和工艺流程计划。

5）各视图反映家具的不同面，但都保持投影关系，读图时要注意将相同的构件或部件归类。

2. 结构装配图

识读结构装配图一般按下列方法识读：

1）首先要对照设计图，看清楚剖切面的剖切位置和剖视方向。

2）在众多图形和尺寸中，要分清哪些是家具主体结构的图形和尺寸，哪些是装饰结构的图形和尺寸，注意区分，以便进一步研究它们之间的衔接关系、方式和尺寸。

3）认真阅读研究图中所示的内容，明确家具各部位的结构方法、结构尺寸、材料要求与工艺要求。

4）家具的结构和装饰形式变化多，加之在图上要表达家具的整体，又因比例的关系，图形缩小得较多，对于局部的结构和细节装饰还需用局部详图来补充说明。因此，识读时要注意按图示符号找出相对应的详图来仔细阅读，不断对照，弄清楚各连接点的结构方式，细部的材料、尺寸和详细做法。

5）局部详图虽表示的范围小，但牵扯面大，是最具体的结构装配图。识读时要做到切切实实、分毫不差，从而保证生产过程中的准确性。

3．家具零件图

识读家具零件图一般按下列方法识读：

1）能够按照相关的投影原理，以各种必要的投影视图（平面、立面、剖面、断面图等）完整表达家具零件的形态和材质状况。较复杂的零件还可以用各种立体投影图配合识读图样。

2）图样中应正确表明零件各部分结构形状的大小及相对位置的尺寸，以及与零件相关的尺寸公差、验收条件等技术要求。

3）能够体现产品的品名、材料、规格等产品标态与设计、审核等责任人的相关资料。

4．部件图

识读部件图一般按下列方法识读：

1）用一组视图正确、完整、清晰和简便地表达零件和部件间的装配关系和连接方式以及主要零件的主要结构形状。

2）只标注出反映部件的性能、规格、外形以及装配、检验、安装时所必需的一些尺寸。

3）技术要求。用文字或符号准确、简明地说明零件或部件的性能、装配、检验、调整要求、运输要求等。

4）用标题栏注明零件或部件的名称、规格、比例、图号以及设计、制图者的签名等。在装配图上对每种零件或组件必须进行编号；并编制明细栏，依次注写出各种零件的序号、名称、规格、数量、材料等内容。

3 装饰装修工程识图实例

3.1 装饰装修施工平面图

实例1：某住宅室内设计平面布置图识读

图3-1为某住宅室内设计平面布置图，从图中可以了解以下内容：

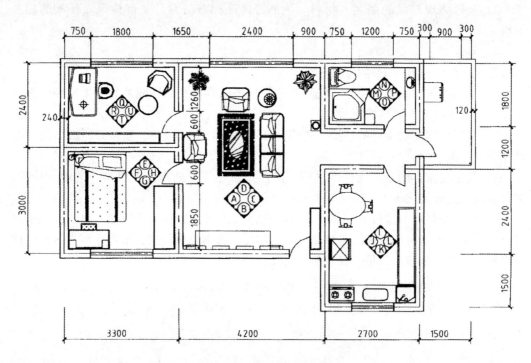

图3-1 某住宅室内设计平面布置图（1:50）

1）通过阅读图名知道该图为平面布置图，比例为1:50。

2）通过阅读室内设计平面图每一功能分区，了解设计的内容、各功能区之间的空间关系、布局、形状。图示中私密性空间有卧室、书房各一间；公用空间有客厅、卫生间、厨房各一间。

3）通过每一功能分区的内容了解家具陈设、绿化的布置。如图所示客厅有沙发、电视机、茶几、多功能柜。从图中可以知道它们之间的位置关系、空间布置。

4）根据尺寸标注了解各功能区域的大小及家具陈设分隔空间的尺寸、交通空间的尺寸。

5）图中还用符号表明各立面图的投影方向。

实例2：某住宅楼套房原平面图识读

图 3-2 为某住宅楼套房原平面图，从图中可以了解以下内容：

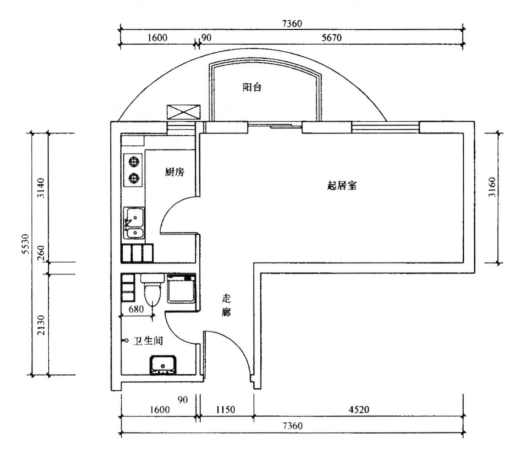

图 3-2　某住宅楼套房原平面图（1:100）

1）卫生间开间为 1.60m，进深为 2.13m。
2）厨房开间为 1.60m，进深为 3.14m。
3）起居室开间为 5.67m，进深为 3.16m。
4）图中还有冲洗马桶、洗手盆、厨灯以及洗涤盆等。

实例3：某住宅一楼地面布置图识读

图 3-3 为某住宅一楼地面布置图，从图中可以了解以下内容：
1）进厅地面采用 600mm×600mm 的米色大理石。
2）玄关地面铺拼花大理石。
3）多功能厅铺设 600mm×600mm 的米色大理石。
4）客厅地面铺设 600mm×600mm 的米色大理石。

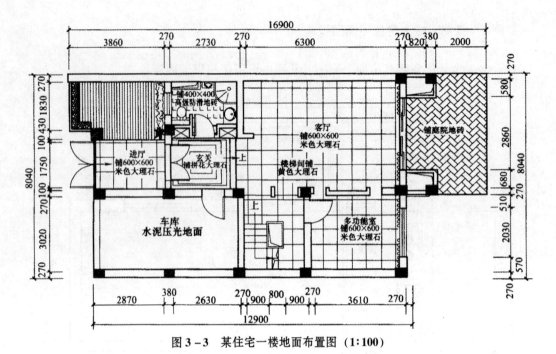

图3-3 某住宅一楼地面布置图 (1:100)

5) 卫生间铺400mm×400mm防滑地砖。

6) 楼梯间铺设黄色大理石。

7) 车库地面用水泥压光地面。

8) 绿化房间铺设实木地板。

9) 庭院铺庭院地砖。

实例4：某住宅地面铺贴图识读

图3-4为某住宅地面铺贴图，从图中可以了解以下内容：

1) 本套住宅户型的室内建筑空间中除了厨房操作台外其他平面都进行了材料铺装。

2) 考虑到客厅与门厅公共性很强，这些空间地面采用耐磨、便于清洁、尺寸是800mm×800mm的抛光地板砖来铺贴，厨房铺贴的是300mm×300mm的抛光地板砖。

3) 卫生间与阳台地面考虑到防水使用要求所以采用防滑类地板砖来铺贴，规格是300mm×300mm。

4) 卧室、书房采用了实木地板拼装地面。

5) 卧室窗台采用了象牙白人造石板，厨房和卫生间与客厅之间的门洞过渡地面采用了金线米黄大理石来装饰。

6) 厨房、卫生间及阳台地面标高低于主体室内20mm。

实例5：住宅室内地面结构图识读

图3-5为住宅室内地面结构图，从图中可以了解以下内容：

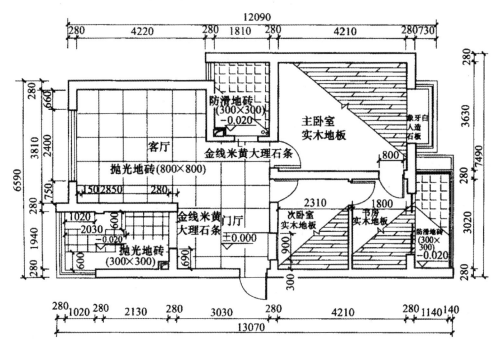

图 3 − 4 某住宅地面铺贴图 (1:50)

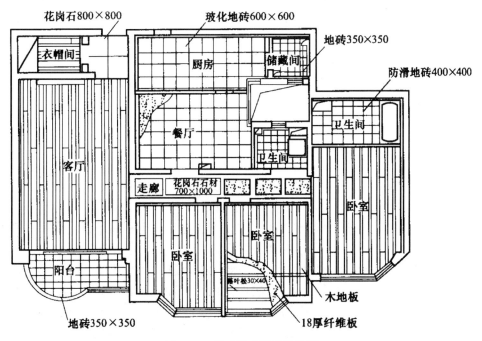

图 3 − 5 住宅室内地面结构图

1) 入门处与走廊铺装的是花岗石石材，厨房与卫生间铺装的是不同型号的地砖，而其余的卧室与客厅铺装的是长条形的木地板。

2) 从图中标注的剖面符号来看，住宅内的客厅与卧室等多数房间地面铺装的是条形实木地板面层，其下是一层18mn厚的纤维板，纤维板是铺装在由30mm×40mm的落叶松木材构成的地面龙骨上。入口处与走廊铺装的均是花岗石石材，但是铺装有所不同。入口处铺装的石材属于常规铺装，规格为800mm×800mm；而走廊铺装的石材需要按图样所设计的间距进行拼合，是由两种不同的规格的石材拼合成简单的图案，即镶边造型，主材的规格为700mm×1000mm。厨房与餐厅铺装的是规格为600mm×600mm的玻化地砖。右侧卫生间的地面铺装的是400mm×400mm的防滑地砖。厨房的储藏间与阳台的地面铺装的是350mm×350mm普通地砖。

实例6：某住宅顶棚平面图识读

图3-6为某住宅顶棚平面图，从图中可以了解以下内容：

1）本住宅室内空间的客厅、门厅、主卧室顶部均采用了常规的石膏板吊顶做法。

2）原室内空间净高为2.8m，客厅、门厅、主卧室吊顶标高2.580m，则可以得知其吊顶高220mm。次卧室空间吊顶高为200mm。

3）厨房、卫生间的顶部采用每条宽为120mm的铝扣板吊顶，高为250mm，阳台采用同样铝扣板吊顶高220mm。

4）客厅吊顶的四周藏有灯带槽，中央顶部设有起到空间统一作用的吊灯，沿窗户位置设有窗帘盒。

5）门厅、餐桌上空吊顶沿墙部位也设置有暗藏灯带，其距墙空隙为200mm。

6）主卧室、次卧室、书房、阳台顶棚中央均设有吸顶灯一个，规格大小和品牌可以由业主自定。

7）主卧室、书房顶棚部分位置也设有暗藏灯带。

8）卫生间顶棚设有浴霸和排风设备各一个，厨房顶棚设有射灯照明。

9）顶棚空间中各构件详细尺寸如图所示。

实例7：家庭室内装修棚面图识读

图3-7为家庭室内装修棚面图，从图中可以了解以下内容：

1）这套住宅属于三室两厅、一厨、一卫的套房。

2）偏厅。从房间的棚面上看到棚面已被剖开，这是一个平面吊顶，偏厅的棚面上共有两个标高符号，一为2.800m，是楼板棚面的基础标高，另一个为2.600m，是间距为150mm×150mm木格栅吊顶层的标高，由此可以知道偏厅的顶棚是由上方的基础棚面和下方的木格栅吊顶两层结构组成，表明这两个棚面距地面高度分别是2.800m和2.600m。木格栅吊顶层悬吊于基础棚面的下方，经过计算得知棚间距为200mm。根据图例符号可以看出基础棚面的面层要进行粉刷，且棚面中部有一盏吸顶灯。

3）起居室。位于套房的中部的起居室比较宽敞，面积相对较大，其室内长度贯通整个套房的宽度方向，装修的档次也比较高。起居室的天花图上共有四个标高符号，表明起居室的棚面造型层次较多。数据表明棚面各部位距楼层地面的高度分别为2.800m、2.750m、2.700m和2.600m。

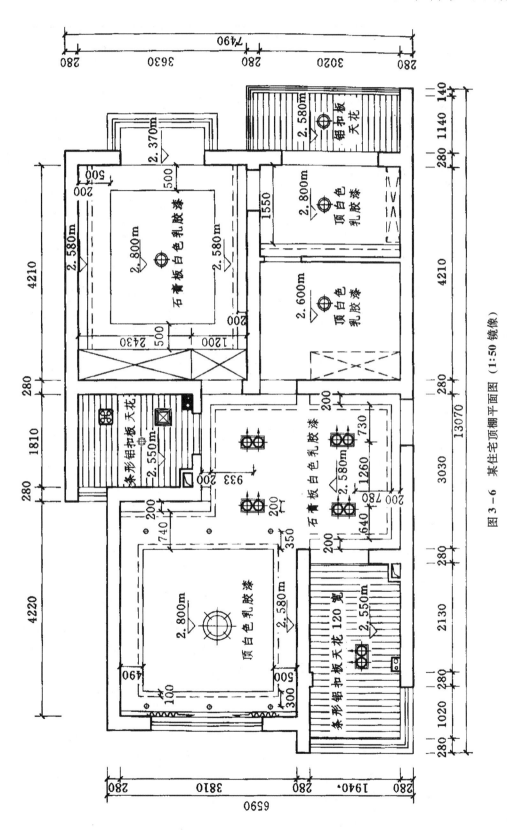

图 3－6 某住宅顶棚平面图（1:50 镜像）

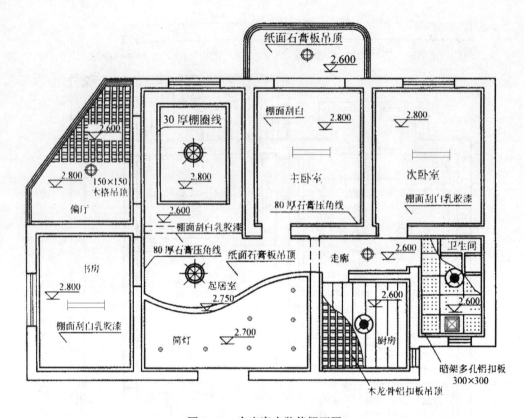

图3-7 家庭室内装修棚面图

起居室图样的上方棚面中部标高为2.800m，是属于一般住宅建筑室内的正常标高，由此推断是房间的基础楼板棚面，并没有吊顶。而基础棚面周边部分的吊顶造型其标高则为2.600m，与中部比较可以看出是悬吊于天花棚面下方的棚圈造型，而且棚圈造型的底面与图样下方的曲线形棚面内侧是同一个水平面，说明这层面积最大的棚面是整个起居室的最底层棚面；起居室图样下方的棚面标高为2.700m，表明起居室这一部分棚面高于起居室底层平面，为次高层平面；在起居室下方曲线形棚面两条曲线之间的标高数据为2.750m，它实际上是位于二者之间的一个曲形槽造型。

在起居室图样中还可以看到房间的棚面周围与墙面相交界部分有一圈标注宽度为80mm的石膏线，通常作为压角线使用；棚圈造型内侧有宽度为30mm棚圈线。室内棚面上还有2盏吊灯和7盏内嵌式筒灯符号。

4）主卧室、次卧室和书房。这三室的棚面形式基本相同，从每个房间的标高均为2.800m，说明都是在基础棚面上刮白刷乳胶漆，并没有吊顶结构。在天棚基础棚面与墙面相交界的部位都绘有一圈细实线，文字标注表明这部分是宽度为80mm的石膏压角线，与客厅的石膏线同样是作为压角线使用的。棚面中部则是一盏荧光灯符号。

5）厨房。厨房的天花棚面上也画有剖面符号，揭示出厨房的天花内部是方格形木格栅龙骨，棚面则是铝合金条形扣板材料，棚面中间是一盏防尘防水灯，棚面距地是2.600m。

6) 卫生间。卫生间天花棚面上的剖面显示其内部是木质龙骨,棚面是暗架多孔铝合金板,棚面距地是 2.600m。卫生间棚面上配置一盏防尘防水灯和一个通风口。

7) 阳台、走廊。标高符号显示阳台和走廊的棚面距地均为 2.600m,是与客厅棚面相同的纸面石膏板吊顶结构,阳台、走廊各安装一盏普通的吸顶灯。

实例 8:室内装修地面平面图识读

图 3-8 为室内装修地面平面图,从图中可以了解以下内容:

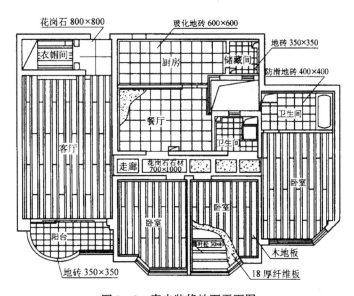

图 3-8 室内装修地面平面图

1) 入门处和走廊铺装的是花岗岩石材,厨房和卫生间铺装的是各种型号的地砖,而其余的卧室和客厅铺装的是长条形的木地板。

2) 从图中标注的剖面符号来看,住宅内的客厅、卧室等多数房间地面铺装的是条形实木地板面层,其下是一层 18mm 厚的纤维板,而纤维板则是铺装在由 30mm×40mm 的落叶松木材构成的地面龙骨上;入门处和走廊铺装的都是花岗岩石材,但铺装有所不同。入门处铺装的石材是属于常规铺装,规格为 800mm×800mm;而走廊铺装的石材需要按照图样所设计的间距进行拼合,是由两种不同的规格的石材拼合成简单的图案,即通常所说的有镶边造型,主材的规格为 700mm×1000mm;厨房和餐厅铺装的是规格为 600mm×600mm 的玻化地砖;右侧卫生间的地面是铺装的是 400mm×400mm 的防滑地砖。而厨房的储藏间和阳台的地面铺装的是 350mm×350mm 普通地砖。

实例 9:某住宅单元平面布置图识读

图 3-9 为某住宅单元平面布置图,从图中可以了解以下内容:
1) 本图为某住宅单元平面布置图,比例 1:50。
2) 客厅北侧布置沙发,南侧为电视墙。

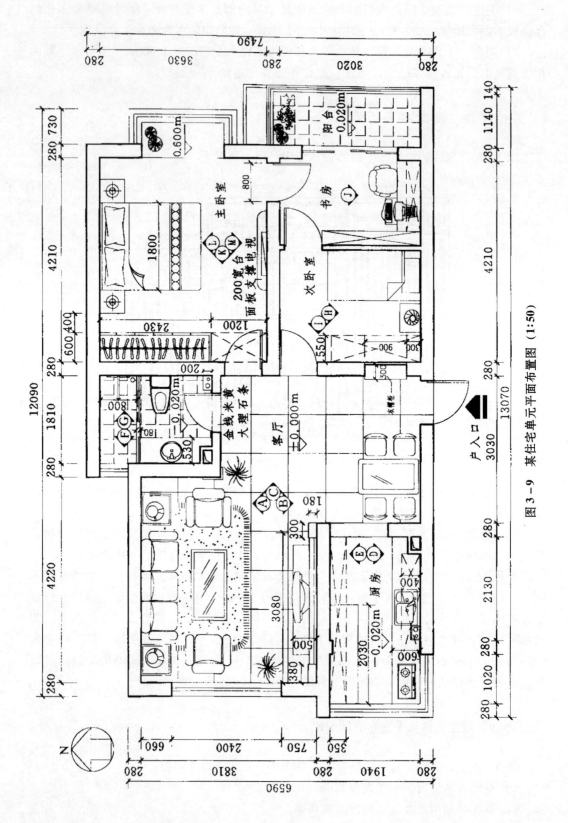

图3－9 某住宅单元平面布置图（1:50）

3）户型中的卫生间通过宽为80mm推拉门隔断分隔出洗浴（设有洗浴喷头）空间和厕所空间。

4）主卧室中布置有固定设施大衣柜（0.6m宽）、双人床（1.8m宽）、0.2m宽台面板支撑电视。

5）次卧室布置有一张沿墙放置的单人床和吊柜，书房中布置有电脑桌椅，空间虽然狭小但是基本满足使用。

6）建筑主入口空间右侧布置有衣帽柜，在厨房和入口空间之间设置有餐桌。

7）厨房、卫生间之中相应地布置有厨卫用具，并且厨房、卫生间、阳台地面均低于主体地面20mm。

8）建筑空间中除了厨房为推拉门之外，其他门均为平开门。

9）整个住宅户型布置紧凑、适用。

实例10：某住宅楼套房平面装饰图识读（一）

图3-10为某住宅楼套房平面装饰图（一），从图中可以了解以下内容：

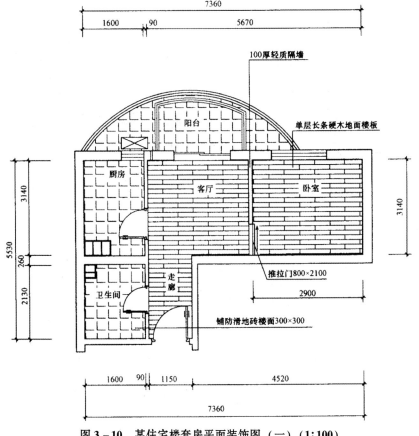

图3-10 某住宅楼套房平面装饰图（一）（1:100）

1）在原有的起居室中增设了一道100mm厚的轻质隔墙，隔墙上设有一扇推拉门（800mm×2100mm），由原来的一间起居室，变成了里外两间，它们的使用功能分别为客厅、卧室,地板为单层长条硬木地面楼板。

2) 阳台、厨房、卫生间均铺防滑地砖楼面 300mm×300mm。

实例11:某住宅楼套房平面装饰图识读 (二)

图3-11为某住宅楼套房平面装饰图 (二),从图中可以了解以下内容:

1) 客户需求:两口之家,使用功能明确。

2) 根据主人的需要,将原来混合使用的起居室改为两间:一间客厅和一间卧室。

3) 经过设计师和户主的共同研究,房间由原来 17.92m² 的起居室改为卧室为 9.164m²、客厅为 8.44m² 的两间使用功能分明的形式,并商定结合房间的使用为卧室制作固定家具,如整理框、电视桌等,为客厅制作装饰柜并精心配制沙发等。

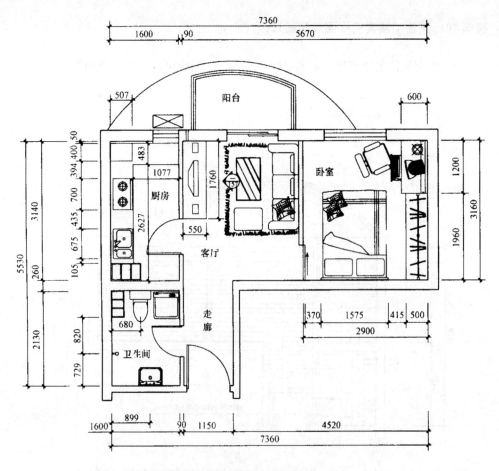

图3-11 某住宅楼套房平面装饰图 (二)

实例12:某住宅楼套房天花板装饰图识读

图3-12为某住宅楼套房天花板装饰图,从图中可以了解以下内容:

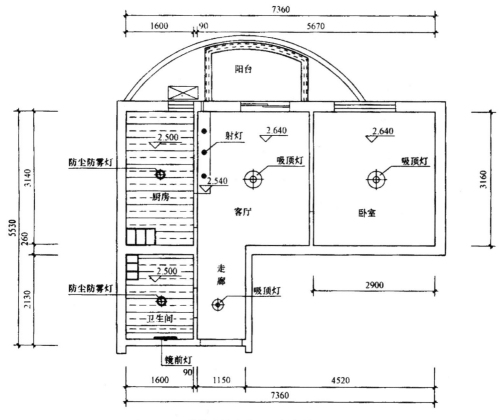

图 3 - 12　某住宅楼套房天花板装饰图（1:100）

1）厨房和卫生间采用的是防空防雾灯。

2）走廊、客厅、卫生间采用的是吸顶灯。

3）客厅的装饰柜处有三盏射灯，这三盏射灯是为电视背景墙而设的。

实例 13：某房间底层顶棚平面图识读

图 3 - 13 为某房间底层顶棚平面图，从图中可以了解以下内容：

1）门廊顶棚有三个迭级，标高分别为 2.800m、3.040m、5.560m，均采用不锈钢片饰面。

2）门厅顶棚有两个迭级，标高分别是 3.050m 和 3.100m，中间是车边镜，用不锈钢片包边收口，四周是 TK 板，并用宫粉色水性立邦漆饰面。

3）总服务台前上部是一下落顶棚，标高 2.400m，为磨砂玻璃面层内藏荧光灯。服务台内顶棚标高 2.600m。

4）大餐厅顶棚有两个迭级并带有内藏灯槽（细虚线所示），中间贴淡西班牙红金属壁纸，用石膏顶纹线压边。二级标高分别是 2.900m 和 3.200m，所用结构材料和饰面材料用引出线于右上角注出。

5）小餐厅为一级平顶，标高为 2.800m。用 GX - 02 石膏顶纹线和 GH - 04 石膏角花装饰出两个四方形。恒美 5013 红花军灯墙和顶棚之间用石膏阴角线收口。

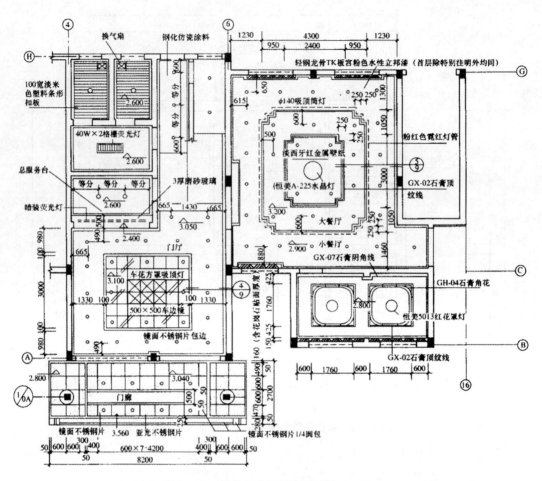

图3-13 某房间底层顶棚平面图 (1:50)

实例14：某建筑一楼天花（顶棚）布置图识读

图3-14为某建筑一楼天花（顶棚）布置图，从图中可以了解以下内容：

1）进厅天花的原建筑天棚高度是2.70m，四周为局部二次叠级吊顶，叠级吊顶高度分别是2.60m与2.55m。

2）玄关天花的原建筑天棚高度是2.70m，四周为局部吊顶，局部吊顶高度是2.62m。

3）大厅上方是空调，说明大厅在本层无天花，有可能是二层的天花。

4）多功能室的原建筑天花高度是2.70m，四周局部二次叠级吊顶高度分别为2.65m与2.59m，在叠级吊顶的一侧安装了空调口，使用材料是石膏板上刮大白再刷乳胶漆。

5）卫生间天花为吊平顶，高度是2.56m，材料使用600mm×600mm金属扣板。

6）绿化房天花为钢化玻璃顶，高度为2.60m。

7）车库的原建筑天花上刮大白刷乳胶漆。

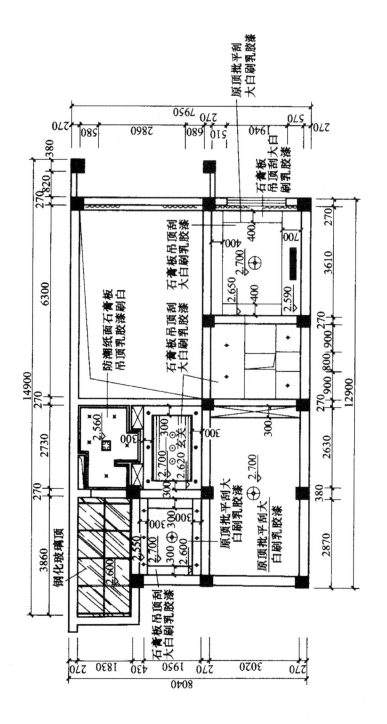

图 3－14 某建筑一楼天花（顶棚）布置图（1∶100）

实例15：台球室顶棚平面图识读

图3－15为台球室顶棚平面图，从图中可以了解以下内容：

台球室的顶棚采用轻钢龙骨石膏吊顶，两级标高分别为2.800m和3.010m，其定形尺寸为4468mm×2510mm，造型边线到墙边的垂直和水平距离分别为1568mm和2030mm。

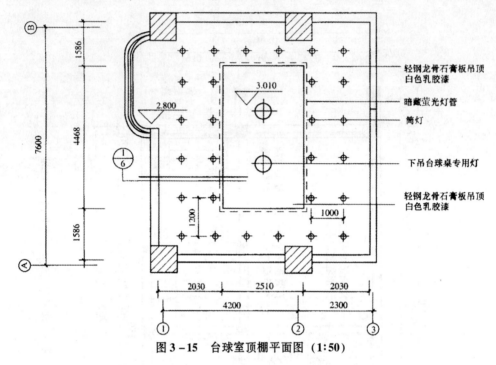

图3－15　台球室顶棚平面图（1:50）

实例16：餐厅天花（顶棚）造型平面图识读

图3－16为餐厅天花（顶棚）造型平面图，从图中可以了解以下内容：

1）本餐厅包房天花造型布置图比例是1:50，图中表示出造型轮廓线、灯饰及其材料做法。

2）顶棚是轻钢龙骨石膏板吊顶，白色乳胶漆饰面，标高分别是2.80m、2.85m、3.15m。

3）窗帘盒内刷白色手扫漆。

实例17：某餐厅平面图识读

图3－17为某餐厅平面图，从图中可以了解以下内容：

1）该餐厅地面采用灰白色相间防滑地砖进行铺设，暖气罩及其他台面采用白色人造石装饰。

2）该餐厅每个房间设八人餐桌，另设备餐台。

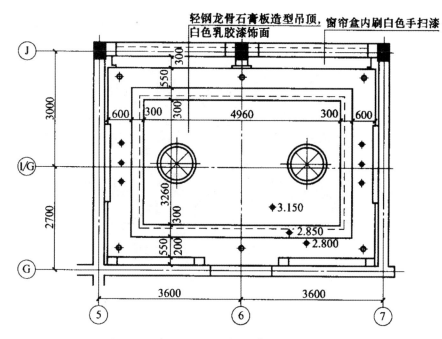

图 3-16　餐厅天花（顶棚）造型平面图（1:50）

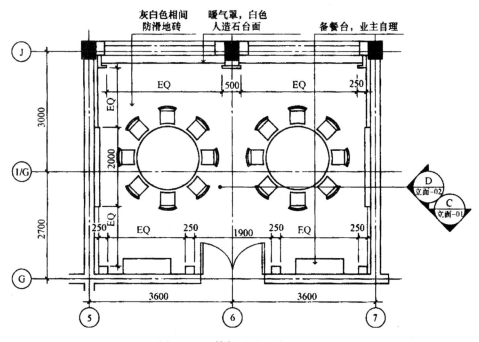

图 3-17　某餐厅平面图（1:50）

实例 18：某餐厅地面装饰图识读

图 3-18 为某餐厅地面装饰图，从图中可以了解以下内容：

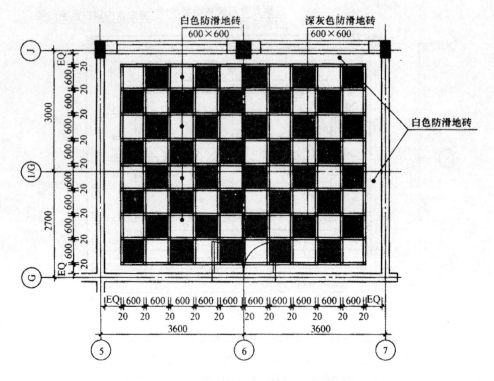

图 3-18 某餐厅地面装饰图 (1:50)

该餐厅地面采用 600mm × 600mm 的白色防滑地砖和深灰色防滑地砖相间铺贴，组成花纹，使地面装饰达到更加美观、舒适的效果。

实例19：某宾馆会议室平面布置图识读（一）

图 3-19 为某宾馆会议室平面布置图（一），从图中可以了解以下内容：

1）会议室平面长为③~⑥轴线的 10.315m，宽为ⓒ~ⓓ轴线的 5.40m，室外有挑出 1.30m 的阳台。⑥轴线墙一侧有主背景墙造型，突出墙面。室内有红胡桃木制作的船形会议桌、椅子及展示台等，会议桌长宽为 5.00m 和 1.44m。

2）本图门洞两侧做了装饰造型，形成突出墙面的矩形假柱，平面尺寸分别为 150mm 和 120mm。后背景墙造型突出墙面 150mm，地面为樱桃木地板。

3）在图中四角放置了盆栽植物用于点缀，窗口位置设窗帘用于遮阳等。

4）图中可见会议室门为内开门，阳台门为外开门。两门宽度均为 1.40m。

5）图中的 ，表示站在该处向ⓓ轴线墙面观察（箭头所指方向）、并把观察到的投影命名为 "A" 向、图样画在图号为 "3" 的图纸上。

实例20：某宾馆会议室平面布置图识读（二）

图 3-20 为某宾馆会议室平面布置图（二），从图中可以了解以下内容：

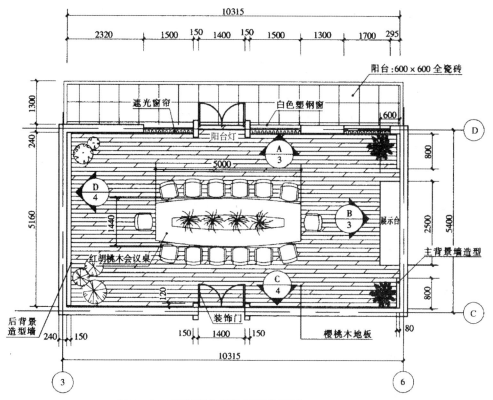

图 3-19 某宾馆会议室平面布置图 （一） （1:60）

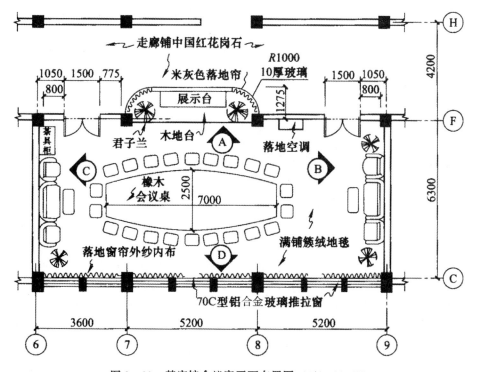

图 3-20 某宾馆会议室平面布置图 （二） （1:60）

1）本会议室平面分为三开间，长自⑥轴到⑨轴线共 14m，宽自ⓒ轴到ⓕ轴线共 6.3m，ⓕ轴线向上有局部突出；各室内柱面、墙面均采用白橡木板装饰，尺寸见图；室内主要家具有橡木制船形会议桌、真皮转椅，及局部突出的展示台和大门后角的茶具柜等家具设备。

2）表明装饰结构的平面布置、具体形状及尺寸，饰面的材料和工艺要求。通常装饰体随建筑结构而做，如本图的墙、柱面的装饰。但有时为了丰富室内空间、增加变化和新意，而将建筑平面在不违反结构要求的前提下进行调整。本图上方平面就作了向外突出的调整：两角做成 10mm 厚的圆弧玻璃墙（半径 1m），周边镶 50mm 宽钛金不锈钢框，平直部分作 100mm 厚轻钢龙骨纸面石膏板墙，表面贴红色橡木板。

3）本图中船形会议桌是家具陈设中的主体，位置居中，其他家具环绕会议桌布置，为主要功能服务。平面突出处有两盆君子兰起点缀作用；圆弧玻璃处有米灰色落地帘等。

4）图中大门门为内开平开门，宽为 1.5m，距墙边为 800mm；窗为铝合金玻璃推拉窗。

5）如图中的Ⓐ，即为站在 A 点处向上观察⑦轴墙面的立面投影符号。

实例 21：某宾馆会议室天棚平面图识读

图 3－21 为某宾馆会议室天棚平面图，从图中可以了解以下内容：

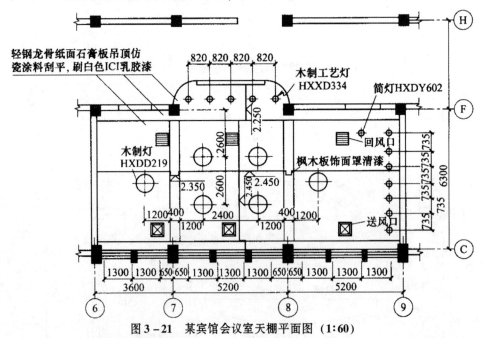

图 3－21　某宾馆会议室天棚平面图（1:60）

1）因房屋结构中有大梁，所以⑦、⑧轴处吊顶有下落，下落处天棚面的标高为 2.35m（通常指距本层地面的标高），而未下落处天棚面标高为 2.45m，故两天棚面的高差为 0.1m。图内横向贯通的粗实线，即为该天棚在左右方向的重合断面图。在图内的上下方向也有粗线表示的重合断面图，反映在这一方向的吊顶最低为 2.25m，最高为 2.45m，高差为 0.2m，梁的底面处装饰造型的宽度为 400mm，高为 100mm。

2）如图所示向下突出的梁底造型采用木龙骨架，外包枫木板饰面，表面再罩清漆。其他位置吊顶采用轻钢龙骨纸面石膏板，表面用仿瓷涂料刮平后刷白色 ICI 乳胶漆。图中还标注了各种灯饰的位置及尺寸。在图的左、中、右共有三组空调送风口和回风口（均为成品）。

📎 实例22：某宾馆会议室顶棚平面图识读

图3-22为某宾馆会议室顶棚平面图，从图中可以了解以下内容：

1）本图为一有弧线造型的顶棚，对照效果图再看顶棚平面图可知，图中平行竖线部分为圆弧吊顶投影，其中的"240" mm 代表两道圆弧之间的灯槽，竖向虚线代表灯槽板。四周沿墙吊顶（由于有叠落，该吊顶也称叠级吊顶）的标高为2.85m，梁底为直接刮白、刷乳胶漆完成面标高为2.800m。

2）本图弧形吊顶采用轻钢龙骨纸面石膏板，板面刮白、罩白色乳胶漆。而Ⓒ、Ⓓ轴线一侧造型吊顶采用木龙骨纸面石膏板做法，此处为向上倾斜的吊顶，挑出长度700mm。吊顶中设有筒灯和暗槽灯（虚线为灯槽板投影），筒灯为直接照明，暗槽灯为内藏荧光灯带，属间接照明，以烘托装饰效果。

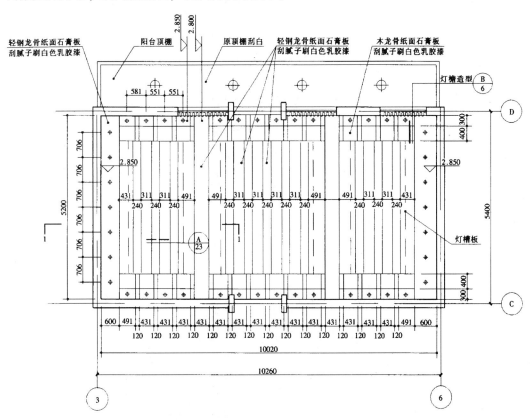

图3-22　某宾馆会议室顶棚平面图（1:60）

📎 实例23：某大酒店改造装修工程首层吊顶平面图识读

图3-23为某大酒店改造装修工程首层吊顶平面图，从图中可以了解以下内容：

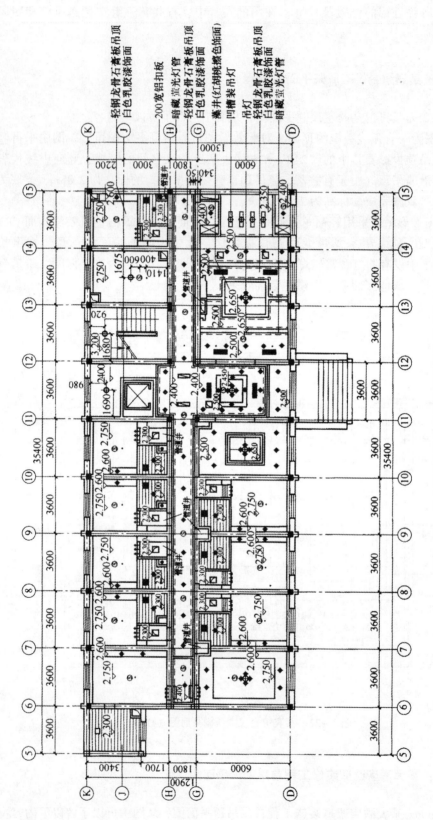

图 3-23 某大酒店改造装修工程首层吊顶平面图（1:100）

1）本图表示某大酒店改造装修工程首层顶棚平面图，比例是1:100。

2）大厅顶棚设有红胡桃擦色饰面藻井，标高是2.65m。

3）客房为轻钢龙骨石膏板顶棚刷白色乳胶漆饰面，标高是2.75m；卫生间顶棚为200mm宽铝扣板，标高是2.3m。

4）平面图中，墙、柱用粗实线表示，天花的藻井及灯饰等主要造型轮廓线用中实线表示。天花的装饰线、面板的拼装分格等次要的轮廓线则用细实线表示。

实例24：某办公楼底层平面图识读

图3-24为某办公楼底层平面图，从图中可以了解以下内容：

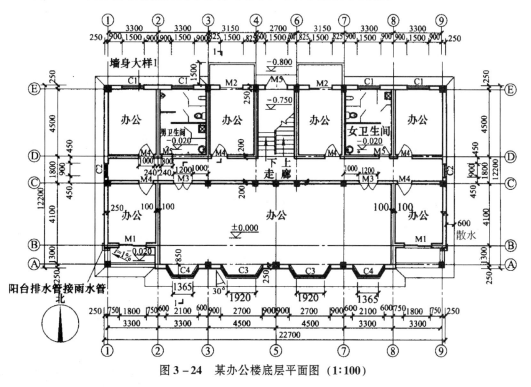

图3-24 某办公楼底层平面图 (1:100)

1）该楼朝向为坐南朝北，绘图比例是1:100。

2）房屋的总长22.7m，总宽12.2m。房屋的外墙厚度是250mm，内墙厚度是200mm。

3）房屋中间是通长的走廊，走廊将房间分成南北两部分。南边有三间办公室，一大间、两小间；北边有四间办公室，两间卫生间与一间楼梯间。走廊北面东西两侧办公室与卫生间的开间为3300mm，进深是4500mm。进楼门M5为双扇外开门，宽度为1500mm。南部办公室通往阳台的门编号M1，宽度为1800mm，为推拉门。北部办公室与卫生间的窗户C1，宽度为1500mm，走廊窗户C2，宽度为900mm。室外地坪标高-0.800m，室内外高差800mm。楼梯入口处标高-0.750m。卫生间标高为-0.020m，比室内地面低20mm。

4）房屋四周为散水，宽度为600mm。

实例25：某别墅一层平面图识读（一）

图3-25为某别墅一层平面图（一），从图中可以了解以下内容：

1）该平面图由进厅、玄关、客厅、多功能室、卫生间、楼梯间、车库及绿化景观室、室外庭院组成。其图面表现形式是用粗实线表示各房间的墙体分隔，图中的涂黑方形图例表示该位置是混凝土柱，基本表明该住宅的结构形式是框架结构。室内的布置、家具及内含物则用中实线表示。

2）进户门是向外侧开的双扇门，门洞尺寸为1750mm，双侧门垛各为100mm，在进厅的一侧布置桌和座椅。

3）玄关的进门是双扇向内侧开的，门角处有一工艺品柜，玄关比客厅的地面标高低两个台阶。

4）玄关与客厅之间没有设置门，客厅往庭院有双扇推拉门，推拉门内侧有通长的窗帘，客厅布置有休闲吧台、吧凳、沙发、茶几、电视柜、电视、台灯、电话、地毯等。

5）多功能室的门为单扇内开门，有外窗，宽1940mm，通长窗帘，布置钢琴、沙发、茶几、座凳、绿化等。

6）卫生间有内开单扇门，布置有坐便器、洗面盆、淋浴房、小便斗等卫生洁具，有两个管道井建筑构件。

7）楼梯为三跑，有楼梯井，宽800mm，楼梯间900mm。

8）车库有内开单扇门，一端布置了吊柜。

9）两侧布置绿化。

实例26：某别墅一层平面图识读（二）

图3-26为某别墅一层平面图（二），从图中可以了解以下内容：

1）该图为某小区别墅装饰一层①～⑤轴线平面布置图，一层室内房间布局主要有南侧客厅、书房和北侧的餐厅、厨房及楼梯、卫生间等功能区域。大门设在②～③轴线南侧外墙上，入口处有台阶，大门向外开启并与一层客厅相连。此图比例为1：50。

2）客厅开间为4.500m、进深为5.400m，布置有影视柜、沙发、茶几等家具，并有两级台阶与餐厅相连，客厅地面标高为±0.000m，装饰物有花台、旱景小品等。图中空间流线清晰、布局合理。在客厅大门内侧和窗台旁还布置有鞋柜和吊式空调。在平面布局图中，家具、绿化、陈设等应按比例绘制，一般选用细线表示。与客厅连通的空间是餐厅、楼梯间及过厅，由于空间贯通，客厅和餐厅地面不在同一标高（餐厅地面标高为0.300m），所以进入客厅后有层次感，且视线开阔。

靠餐厅①轴线的墙设有博古架兼酒水柜。餐厅布置有8人餐桌及立式空调。书房有写字台、书柜、椅子及沙发等家具。厨房中的虚线表示煤气灶上方的吊柜，灶台左侧设有洗菜池。卫生间地面比书房、餐厅等地面低20mm（-0.020），卫生间门扇内侧设有挡水线（细实线）。

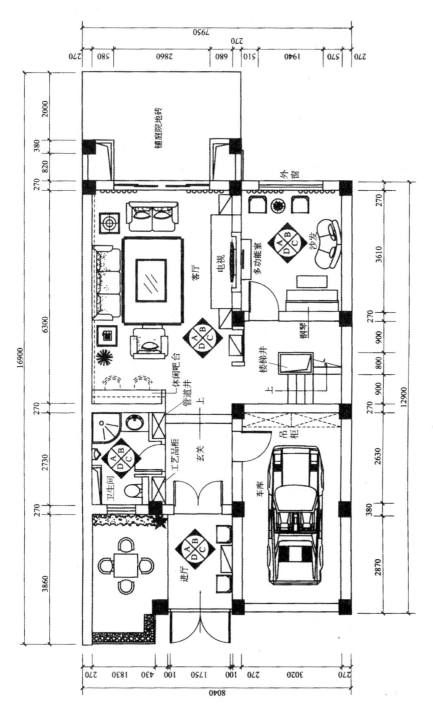

图 3-25　某别墅一层平面图（一）（1:100）

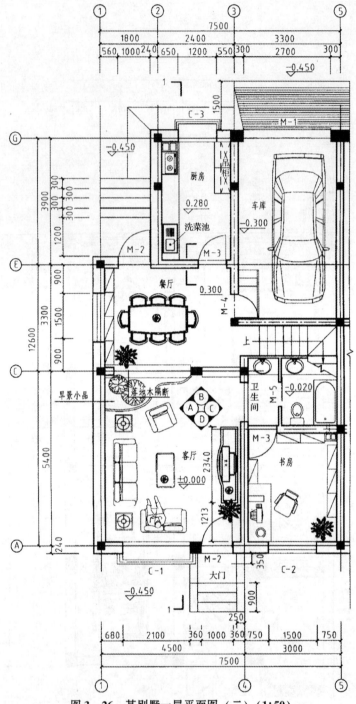

图3-26 某别墅一层平面图（二）（1:50）

3）客厅中绘出了四面墙面的内视符号，即以该符号为站点分别以 A、B、C、D 四个方向观看所指的墙面，并且以该字母命名所指墙面立面图的编号。

4）图中客厅影视柜长为2340mm。

5）图中大门口处的室外台阶，台阶栏板宽为250mm、水平长为900mm，右侧台阶栏板侧面与轴线④重合。

实例 27：某别墅一层地面平面图识读（一）

图 3 - 27 为某别墅一层地面平面图（一），从图中可以了解以下内容：

1）除卧室地面为胡桃木实木地板外，其他主要房间如客厅、餐厅以及楼梯等为 800mm × 800mm 幼点白麻花岗石地面。

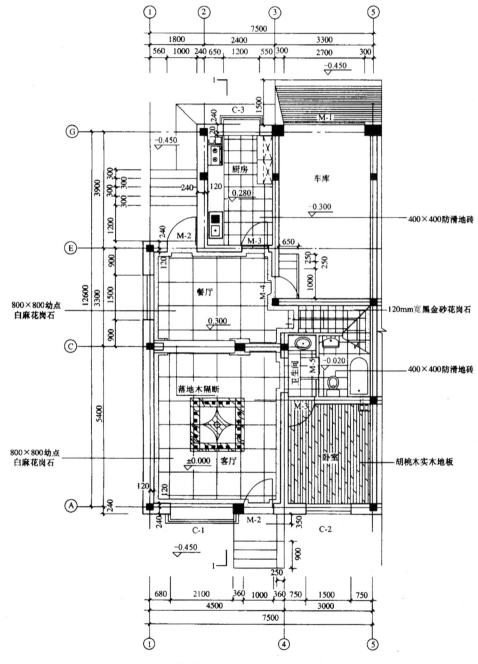

图 3 - 27　某别墅一层地面平面图（一）（1:50）

2）客厅和餐厅为 800mm×800mm 幼点白麻花岗石铺贴，且每间中央都做拼花造型。

3）厨房与卫生间铺贴 400mm×400mm 防滑地砖，楼梯台阶也是幼点白麻花岗石铺设。

4）石材地面均设 120mm 宽黑金砂花岗石走边。

5）客厅中央地面做拼花造型。

实例28：某别墅一层地面平面图识读（二）

图 3-28 为某别墅一层地面平面图（二），从图中可以了解以下内容：

两户的地面装饰做法基本相同，客厅铺贴 800mm×800mm 米黄大理石，前庭铺贴 600mm×600mm 艺术地砖，客房与工人房都采用实木地板，卫生间与厨房采用 250mm×250mm 防滑地砖。

实例29：某别墅一层装饰平面图识读

图 3-29 为某别墅一层装饰平面图，从图中可以了解以下内容：

1）该图比例为 1∶100。

2）图中①~②轴前面是佣人卧室，后面是车库，②~④轴前面是门厅、大厅，后面是过道、卫生间；④~⑥轴前面是客厅，后面是厨房和餐厅，⑥~⑧轴后面是阳台。

3）佣人卧室的开间是 3.90m，进深是 4.50m；车库的开间是 5.50m，进深是 7.20m；门厅的开间是 4.50m，进深是 2.4m；大厅的开间是 4.5m，进深是 8.1m；过道的开间是 1.80m，进深是 3.60m；客厅的开间是 7.50m，进深是 6.60m：餐厅的开间是 4.50m，进深是 5.85m；厨房开间是 3.00m，进深是 3.60m；阳台开间是 3.30m，进深是 5.85m。以上几个空间是底层室内装饰的重点。

4）门厅和阳台是双开门，其他都是单开门；佣人卧室、车库、客厅的窗户宽度均为 1.80m，一层卫生间窗户宽度为 1.2m，厨房的窗户宽度为 1.55m。

5）客厅中还有沙发、茶几、餐桌、立柜等设置。

实例30：某别墅一层顶棚平面图识读

图 3-30 为某别墅一层顶棚平面图，从图中可以了解以下内容：

1）客厅标高为 2.800m，吊顶宽为 750mm，做法为轻钢龙骨纸面石膏板饰面、刮白后罩白色乳胶漆。内侧虚线代表隐藏的灯槽板，其中设有荧光灯带，外侧两条细实线代表吊顶檐口有两步叠级造型，每步宽为 60mm。曲线吊顶由两条半径为 8033mm 和 6959mm 的圆弧组合而成。

2）餐厅吊顶中有一个直径为 2000mm 的圆形造型，正中有一盏吊顶灯；2.800m 标高为板底直接顶棚装饰完成面标高，圆形外侧吊顶标高为 2.600m，在圆形吊顶图形的下侧有四组大小不等的矩形灯箱，灯槽内设有筒灯，图中标注了矩形灯槽的定型和定位尺寸。餐厅吊顶也是轻钢龙骨纸面石膏板做法，饰面为白色乳胶漆。

3）客厅右侧卧室为平顶。

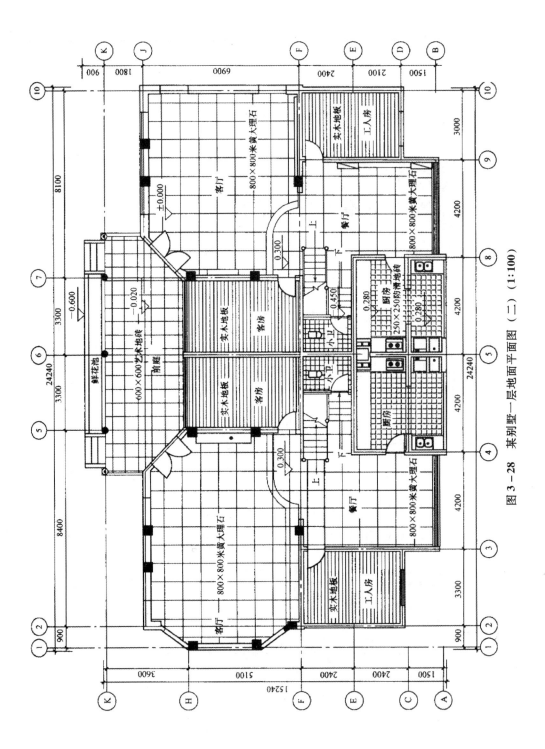

图 3-28　某别墅一层地面平面图（二）（1:100）

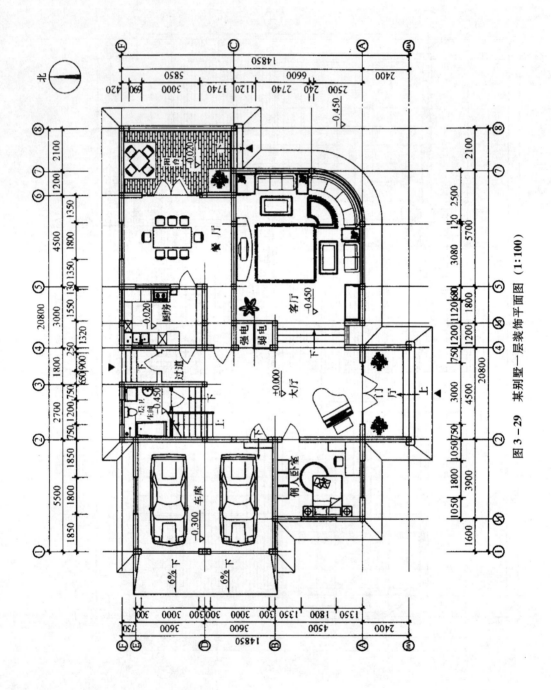

图 3-29 某别墅一层装饰平面图 (1:100)

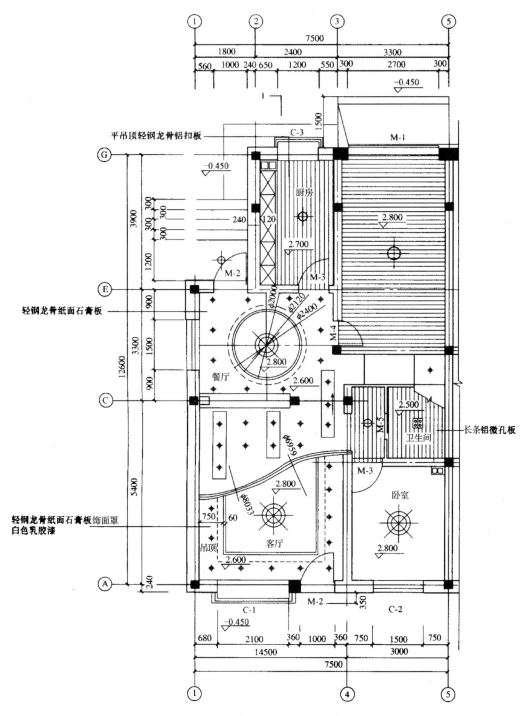

图 3-30 某别墅一层顶棚平面图

4）厨房顶棚为平吊顶，做法为轻钢龙骨铝扣板吊顶，顶棚中间有一盏吸顶灯，完成面标高为 2.700m。

5）卫生间吊顶标高为 2.500m，做法为长条铝微孔板。

实例 31：某别墅二层顶棚平面图识读

图 3–31 为某别墅二层顶棚平面图，从图中可以了解以下内容：

1）在图中，二层曲线挑台的吊顶标高为 5.800m，灯池（三角形）吊顶标高为 6.300m，做法为轻钢龙骨纸面石膏板乳胶漆饰面。

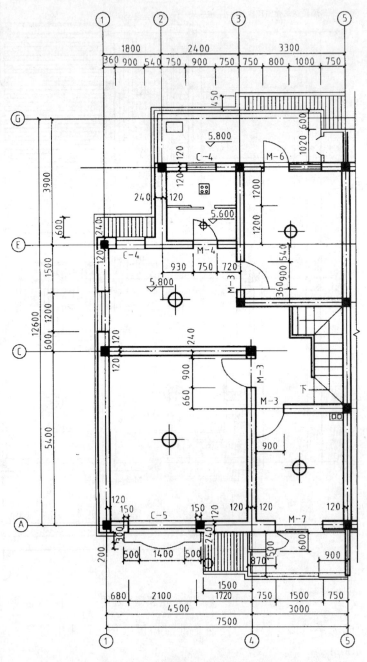

图 3–31　某别墅二层顶棚平面图

2）二层卧室有吸顶灯，其顶棚均不做吊顶，直接批腻刮白、罩白色乳胶漆，顶棚周边均无顶角线。

3）卫生间吊顶为长条铝微孔板吊顶。

4）如图所示②~③轴线北侧阳台为木龙骨白色 PVC 板吊顶，吊顶装饰面标高为 5.800m。

实例32：某钢材厂招待所④~⑯轴底层平面布置图识读

图 3 - 32 为某钢材厂招待所④~⑯轴底层平面布置图，从图中可以了解以下内容：

1）该图比例为 1:50。

2）图中④~⑥轴前面是门厅和总服务台，后面是楼梯、洗手间和卫生间；⑥~⑩轴前面是小餐厅，后面是大餐厅；⑪~⑯轴前面是厨房，后面是招待所办公室。

3）门厅的开间是 6.60m，进深是 5.40m；总服务台和洗手间的开间是 3.60m，进深是 2.10m；大餐厅的开间是 7.00m，进深是 8.10m，右前方向右拐进是进出厨房的过道；小餐厅开间 5.60m，进深 3.00m。以上几个空间是底层室内装修的重点。

4）④~⑯轴地面（包括门廊地面），除卫生间外均为中国红磨光花岗岩石板贴面，标高±0.000，门厅中央有一完整的花岗岩石板地面拼花图案。主入口左侧是一厚玻璃墙，门廊有两个装饰圆柱，直径为 0.60m。

5）洗手间有一洗手台，台前墙面有镜。大餐厅设有酒柜、吧台。

6）门廊有一剖切符号，剖切平面通过厚玻璃墙、门廊和台阶，编号为 1 - 1。

7）门厅、大餐厅和小餐厅都注有投影符号，编号 A1 到 L1（数字表示楼房的层数），表明这些立面都另有视图。

8）门的编号由 M1 至 M7，窗的编号由 C1 至 C3。对照门窗表可知 M1、M2 为厚玻璃装饰门，M3 为镶玻璃弹簧门，M7 为钢板门，其余为胶合板夹板门；C1、C2 为铝合金推拉窗，C3 为铝合金平开窗。

9）图中还有沙发、茶几、餐桌、办公桌、电视、电话、立柜和厨房等设置。

实例33：某洗浴中心一层平面布置图识读

图 3 - 33 为某洗浴中心一层平面布置图，从图中可以了解以下内容：

1）从图中可以看到一层室内房间的主要布局有经过大门入口到达门厅再到大厅。大厅的东面是走廊，走廊的南面与管理间和楼梯相连，走廊的北面是工作服收发室。走廊的东面是过廊，过廊连接卫生室和男卫生间。此图的比例是 1:100。

2）在此一层平面图中，根据要求，装饰的重点是大厅及走廊。可以看到在大厅的后部有装饰的鱼缸和屏风。屏风是自然风格的，可以看到屏风的底部是鹅卵石。大厅是长条形的，尺寸开间是 4m，进深是 6.5m。走廊的长度尺寸是 12m，宽度是 4m，地面的标高为 0.000。由于此图一层的装修主要集中在大厅和走廊，所以房间的具体陈设布局并没有表示。

3）为表示室内立面在平面图中的位置及名称，在大厅中绘出了四面墙面的内视图

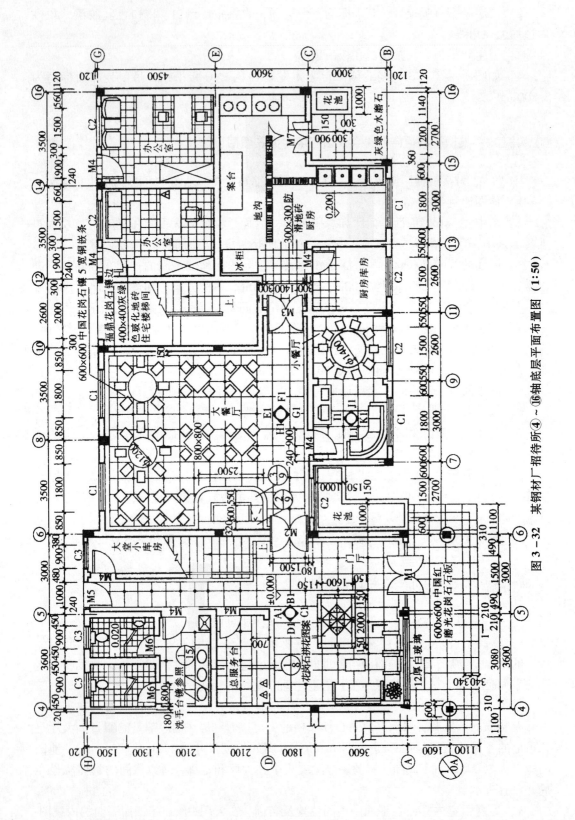

图 3 – 32 某钢材厂招待所④~⑯轴底层平面布置图 (1:50)

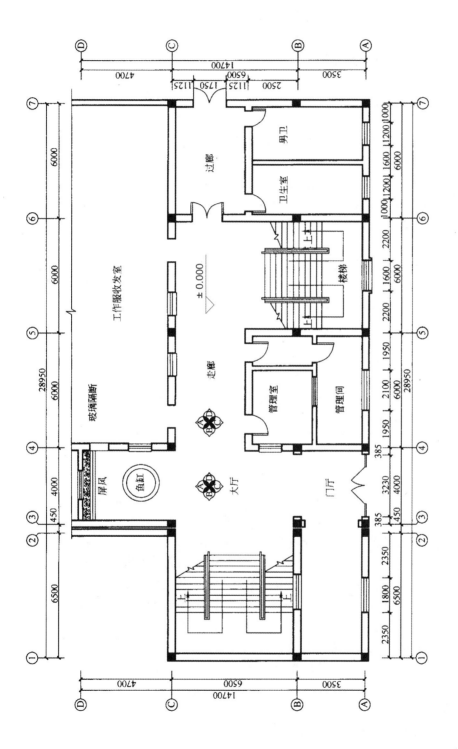

图 3 - 33 某洗浴中心一层平面布置图 (1:100)

符号，即以该符号为站点分别以 A、B、C、D 四个方向观看所指墙面，并且以该字母命名所指墙面立面图的编号。

4）平面布置图中一般应标注固定家具或造型等的尺寸。装饰平面布置图中的外围尺寸与建筑平面图中所标的尺寸相同。第一道为房屋门窗洞口、洞间墙体或墙垛的尺寸，第二道为房间开间及进深的尺寸，第三道为整体尺寸。

实例34：某洗浴中心一层地面布置图识读

图 3-34 为某洗浴中心一层地面布置图，从图中可以了解以下内容：

1）除了管理室、管理间以及过廊为 800mm×800mm 的地砖外，其他的地方，如门厅、大厅、走廊、楼梯间都是 800mm×800mm 白麻石材做成。

2）在大厅的中间和走廊的中央有大理石拼花造型。

3）地面均设 200mm 宽黑金砂石材串边。

实例35：某洗浴中心一层顶棚布置图识读

图 3-35 为某洗浴中心一层顶棚布置图，从图中可以了解以下内容：

1）门厅顶棚做法是铝塑板饰面，中间有一长方形的造型，标高为"3.030"，中间为一方形吊灯。长方形外侧吊顶标高为"2.800"，其宽度为 700mm。虚线代表是隐藏的荧光灯槽板。其顶棚做法比较简单。

2）而大厅的顶棚做法就比较复杂。前后两部分顶棚有不同的做法。前部造型是矩形，中间是铝塑板饰面，标高为"3.030"。其距离两边的尺寸分别为 1400mm 和 600mm。为了增加效果，在矩形内 500mm 的位置处，为 100mm 宽木压线刷金粉漆。最中间为两个方形吊灯。沿矩形一周有隐藏的荧光灯槽板。矩形外侧做法和后部相同是轻钢龙骨石膏板吊顶，满刮腻子刷乳胶漆饰面。大厅的后部为一圆形造型，直径为 1900mm，并均布五个热弯造型玻璃，其尺寸长为 850mm，宽为 400mm。其标高与前部矩形造型相同。热弯玻璃中各有一筒灯。圆形造型中部为一圆形吊灯。在圆形造型外侧同样是隐藏的荧光灯槽板。圆形外侧做法和前部相同。

3）图中走廊的顶棚做法与大厅的前部顶棚做法相似，故不再重复说明。过廊的顶棚做法也较复杂。在中间矩形的造型中，并不是单一的造型，而是又做了三个相同的条形的造型，其宽度为 400mm。此造型的做法是中间为石膏板饰面，标高为"3.270"，并均布两个筒灯。条形造型的两侧为铝塑板饰面，标高为"3.250"。由于整个矩形造型的标高为"3.150"，矩形外侧的标高为"2.900"，所以整个顶棚的效果错落有致，在荧光灯槽板中隐藏的筒灯柔和的灯光的照射下，空间效果很好。另外管理室的顶棚做法最为简单，其做法为使用 600mm×600mm 微孔铝板敷盖。

实例36：某实验室首层平面图识读

图 3-36 为某实验室首层平面图，从图中可以了解以下内容：

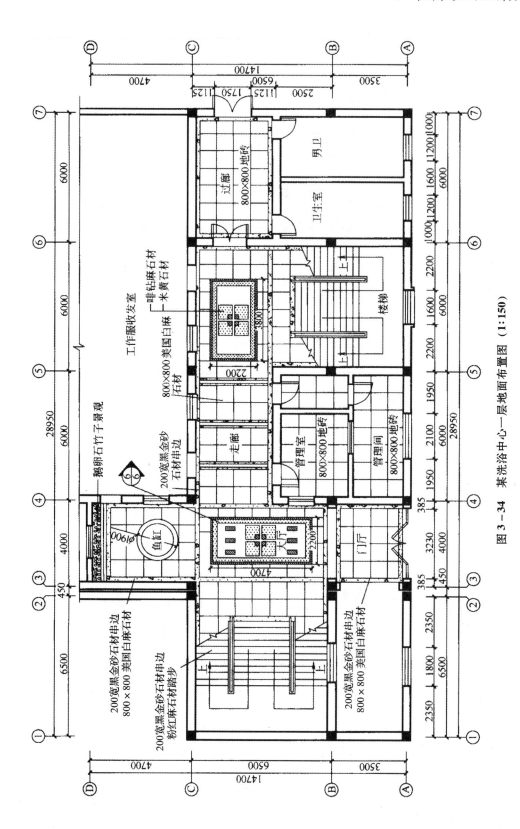

图 3-34 某洗浴中心一层地面布置图（1:150）

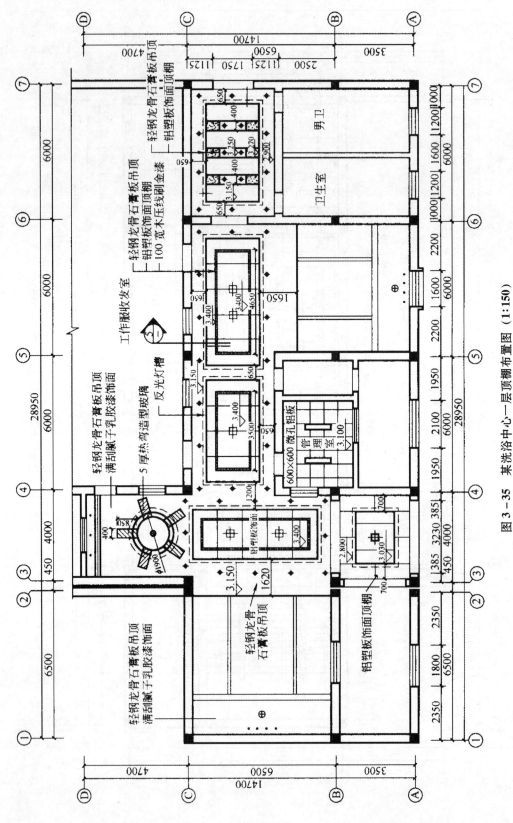

图 3 – 35　某洗浴中心一层顶棚布置图（1:150）

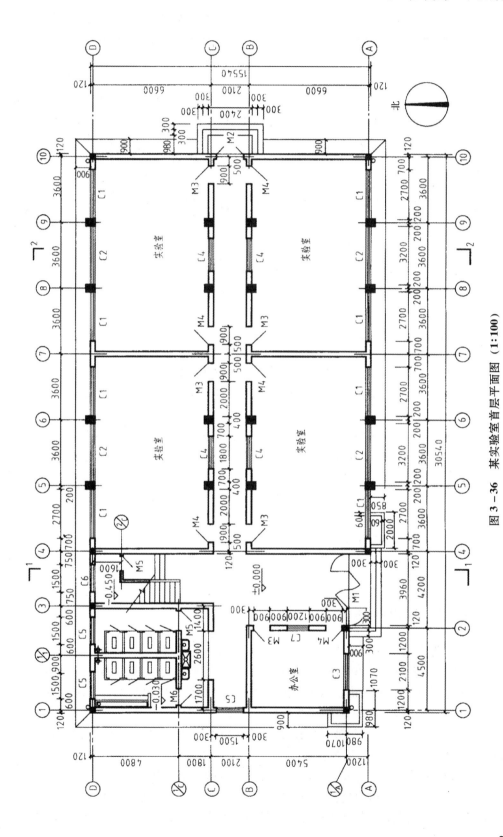

图 3 - 36 某实验室首层平面图 (1:100)

1）由指北针可知主出入口朝南，偏西头，东面有辅助出入口；东半边是四个实验室，西半边有楼梯、卫生间、办公室；有 1 – 1 和 2 – 2 两个剖切符号。

2）根据定位轴线编号和尺寸可见实验室的开间为 3600mm，进深为 6600mm，墙厚均为 240mm，每个实验室的使用面积大约 66m²；门厅开间为 4200mm，办公室开间为 4500mm，进深为 5400mm，使用面积约 21m²；女厕所开间为 2700mm，楼梯间和男厕所开间为 3000mm。走廊轴距为 2100mm（走廊宽约 1800mm）。

3）根据图中门窗代号标记和门窗表可知：图中共有六种门和七种窗，主出入口为四扇双面平开弹簧门，门宽 3960mm，门高 3000mm，辅助出入口是向外平开双扇门，门宽 1500mm，门高 3000mm；实验室和办公室均有两个门，门宽 900mm，门高 2400mm；卫生间和楼梯间门均为 900mm × 2100mm。每个实验室均有两个 2700mm × 2100mm 和一个 3200mm × 2100mm 外窗，内走廊处的高窗为 1800mm × 600mm。除 M1 为非标准门以外，其余门窗均为标准门窗。

4）首层地面标高除 ±0.000 外，卫生间地面标高为 – 0.030，楼梯间地面标高为 – 0.450。

实例 37：某礼堂装饰造型平面图识读

图 3 – 37 为某礼堂装饰造型平面图，从图中可以了解以下内容：

1）图中画出了装饰墙面的平面形状和尺寸，同时反映了外侧台阶、柱子的平面尺寸和装饰要求。

2）图中可见台阶两侧栏板用蘑菇石干挂、栏板顶部饰以安溪红光面板（一种经表面加工的花岗石板，宽为 0.60m），台阶用安溪红火烧板贴面，每步台阶宽为 330mm。

3）图中大门两侧有点凹凸变化，并且大门位于柱子的后面，此处地面上方是二层高的凹入空间，形成门廊。

3.2 装饰装修施工立面图

实例 38：室内立面图识读（一）

图 3 – 38 为室内立面图（一），从图中可以了解以下内容：

1）从两个剖面图中可以看出，客厅吊顶与两侧墙面相交的部位均有方形的框架结构，高度尺寸线标注是 200mm，从两个图样棚面附近标注的引出线来看，在棚圈与墙体的交角处安装有规格为 80mm 的装饰性石膏压角线。

2）客厅西立面图与南立面图吊顶结构的尺寸标注显示棚芯的尺寸是 1900mm × 1300mm，面层材料为纺织物高级壁纸。

3）客厅中部的棚芯部位安装一盏多头吊灯，棚圈内侧为暗槽荧光灯。

4）墙体上部与下部虽然造型有所不同，但基本由三层材料组成，最里层为 30mm × 40mm 的白松木格栅龙骨直接与墙体接合，然后用胶合板钉装在木制龙骨上，墙体的外

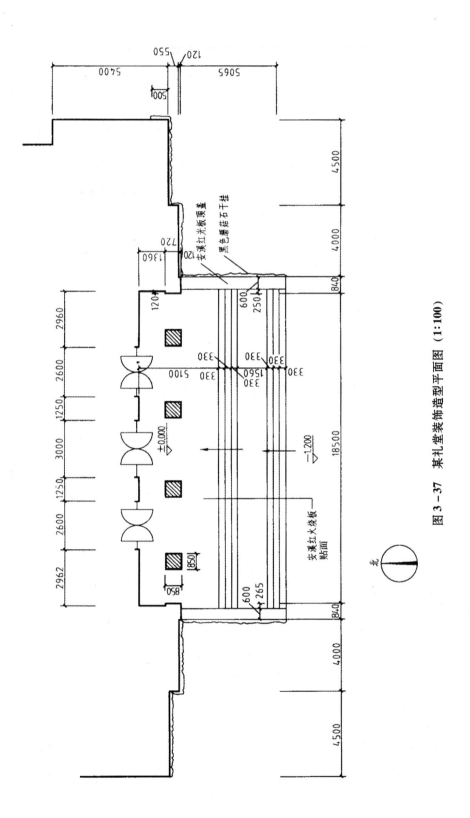

图 3-37　某礼堂装饰造型平面图（1：100）

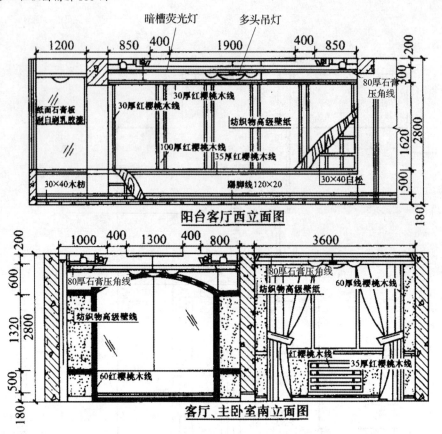

图 3-38 室内立面图（一）

层则裱糊纺织物高级壁纸，最后在墙体上部的表面用不同规格的红樱桃木线进行分格造型装饰。

5）墙体上部的分格造型是由规格分别为 30mm 的挂镜线、35mm 的腰线以及 100mm 立板线钉装而成的。墙体的下部与上部的内部结构大致相同，是由木龙骨、胶合板构成的，只不过是在墙体与地面的交角处安装了 120mm × 20mm 的踢脚线。

6）整个地面全部是铺装的实木地板，实木地板铺装在基础地面上 30mm × 40mm 的木制龙骨上。

7）客厅与阳台的门洞造型有一定变化，门洞的上部为半圆弧形，洞口没有安装任何门扇。

8）门的护套线采用 60mm 红樱桃木线制作。

9）主卧室只在窗户的边缘安装了保护窗户的 60mm 红樱桃护套线。

10）室内棚角、墙体的上部、中部分别安装了石膏压角线、红樱桃挂镜线与腰线。

11）窗户两侧装饰有纺织物窗帘，窗台的下方装有 4 块条形红樱桃实木板组成的装饰性暖气罩。

12）室内棚面除了安装 80mm 石膏压角线外，无任何装饰。棚面中部装有一盏多头吊灯。

实例 39：室内立面图识读（二）

图 3 - 39 为室内立面图（二），从图中可以了解以下内容：

1）该图为 A1 立面图，注脚 1 表明是底层。

2）左边为总服务台，中部为后门过道，右边为底层楼梯。

3）服务台右边沿粗实线表明该墙面向里折进。

4）地面标高为 ±0.000。门厅四沿顶棚标高为 3.05m。该图未图示门厅顶棚。

5）总服务台上部有一下悬顶，标高为 2.40m，立面有四个钛金字，字底是水曲柳板清水硝基漆。

6）总服务台立面是茶花绿磨光花岗石板贴面，下部暗装霓虹灯管，上部圆角用钛金不锈钢片饰面。

7）服务台内墙面贴暖灰色墙毡，用不锈钢片包木压条（40mm×10mm）分格。

8）总服务台立面两边墙柱面与后门墙面用海浪花磨光花岗石板贴面，对应门厅其他视向立面图，可知门厅全部内墙面均为花岗石板，工艺采用钢钉挂贴。

9）四沿顶棚与墙面相交处用线脚①收口。线脚属于装饰零配件，因而其索引符号用 6mm 的细实线圆表示。

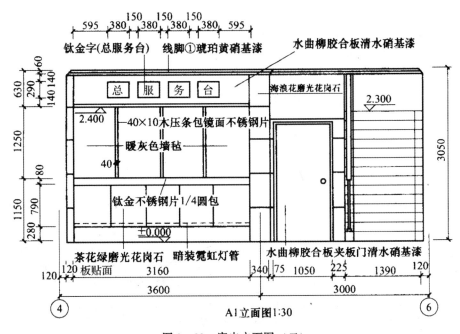

图 3 - 39 室内立面图（二）

实例 40：装饰立面图识读

图 3 - 40 为装饰立面图，从图中可以了解以下内容：

1）地面标高为 ±0.00m，顶棚标高为 2.60m。

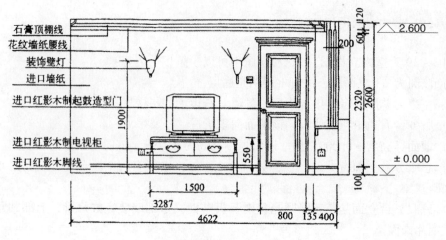

图 3 - 40 装饰立面图

2）顶棚和墙交界有石膏顶棚线，墙贴进口墙（壁）纸，墙纸和石膏线之间是花纹墙纸腰线，踢脚板为进口红影木。

3）本图吊顶和墙之间用石膏装饰线收口，其他各装饰面之间衔接简单，故没有详图介绍构造。

4）门为进口红影木制起鼓造型门。

5）装饰壁灯 2 盏，高 1900mm，电器插座 3 个，电视插座 1 个。

6）电视机 1 台高 550mm，进口红影木电视柜 1 个。

实例 41：门头、门面正立面图识读

图 3 - 41 为门头、门面正立面图，从图中可以了解以下内容：

1）图为是①~⑥轴门头、门面正立面图，比例是 1：45。

2）门头上部造型与门面招牌的立面均是铝塑板饰面，且用不锈钢片包边。门头上部造型的两个 1/4 圆用不锈钢片饰面，半径分别是 0.50m 与 0.25m。

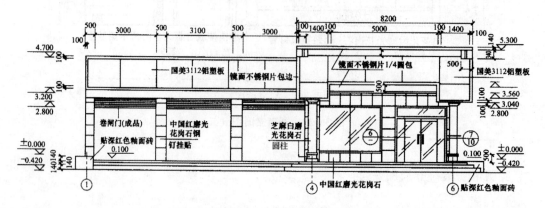

图 3 - 41 门头、门面正立面图 （1：45）

3）④～⑥轴台阶上两个花岗石贴面圆柱，索引符号表明其剖面构造详图在饰施详图上。

4）门面装有卷闸门，墙柱用花岗石板贴面，两侧花池贴釉面砖。

5）图中还表明门头、门面的各部尺寸、标高，以及各种材料的品名、规格、色彩及工艺要求。

实例42：某房间 A 视点立面图识读

图 3－42 为某房间 A 视点立面图，从图中可以了解以下内容：

1）该房间墙面采用喷米色乳胶漆的方法饰面，并在右侧中间位置贴艺术壁纸装饰；

2）该房间左侧设酒吧台，台面采用防火胶板贴面；

3）房间中间位置安放电视柜，台面采用大理石板贴面，电视柜左侧设木方格屏风，屏风后有一装饰陶瓶，电视柜右侧放置一低柜，低柜采用防火喷板贴面。

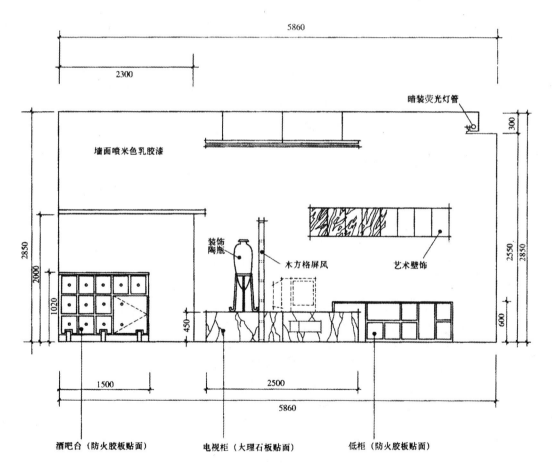

图 3－42　某房间 A 视点立面图

实例43：某客厅 B 立面图识读

图3-43 为某客厅 B 立面图，从图中可以了解以下内容：

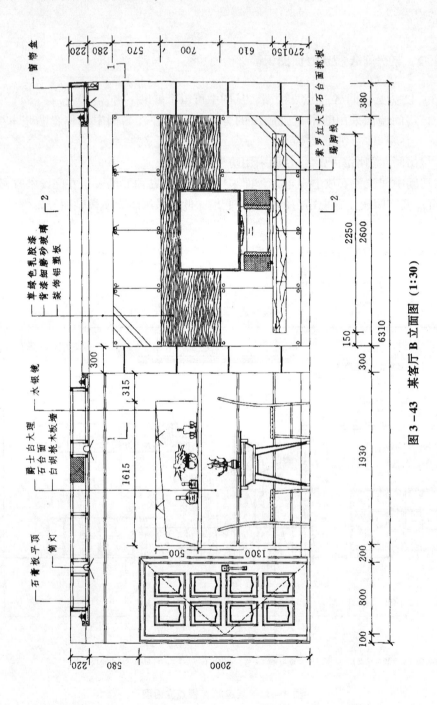

图3-43 某客厅 B 立面图（1:30）

1）本立面应为客厅及门厅的西墙面上的立面布置图，图中表示出了电视墙、餐桌的装修面貌和效果。

2）其中电视墙背景主要是背漆细磨砂玻璃做界面，同时个别位置有装修凸出变化。

3）电视机下侧采用紫罗红大理石台面挑板支撑。

4）餐桌墙采用了高1.3m的白胡桃木饰面板装饰，同时在墙面上留有凹洞。

5）立面中吊顶高220mm，局部装饰有暗藏灯槽和筒灯。

实例44：某别墅客厅Ⓐ立面图识读

图3－44为某别墅客厅Ⓐ立面图，从图中可以了解以下内容：

1）该图反映了从左到右客厅墙面及相连的楼梯间、卫生间、餐厅的Ⓐ方向投影全貌；图中反映了客厅在影视墙部分做的一组活动拉门装饰以及影视柜造型等装饰形式及尺寸。

2）影视墙具有现代气息，简洁、大方、没有烦琐的装饰；为黑胡桃木饰面、罩聚酯清漆，附近有索引符号引出其详图位置；影视墙长为5760mm，高为2750mm。

3）楼梯间及其右侧墙面装饰做法是下部墙面为胡桃木墙裙（高1000mm）、上部墙面为素色壁纸。

4）该立面图门套、门上方及壁纸上口饰有35mm宽胡桃木挂镜线，此线上方墙面为刮白、罩白色乳胶漆。楼梯底面也为壁纸贴面，梯段侧面饰以胡桃木封边；客厅高处墙面也为刮白、罩白色乳胶漆做法，墙面为打破单调装饰有25mm×9mm纸面石膏板（引出标注），间距为570mm；客厅有叠级造型吊顶，中间设吊灯，顶棚周边有荧光灯槽，高度为240mm。

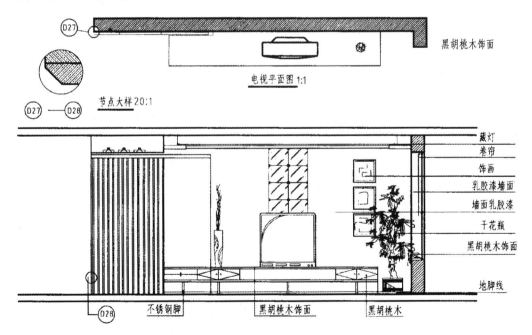

图3－44　某别墅客厅Ⓐ立面图（1:1）

实例45：某别墅客厅Ⓑ立面图识读

图3-45为某别墅客厅Ⓑ立面图，从图中可以了解以下内容：

该图反映该墙在客厅中用胡桃木博古架造型屏风作为餐厅分界，并可兼作为酒水柜，其活动层板槽为5mm厚明玻璃活动层板。

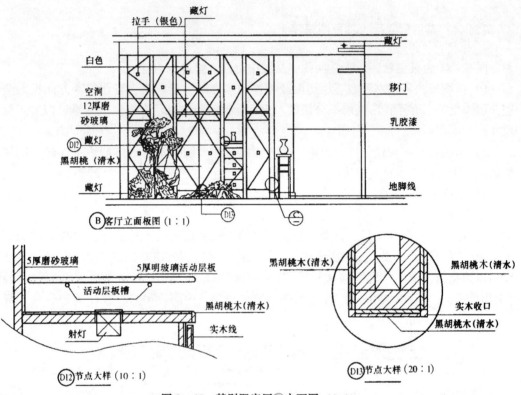

图3-45　某别墅客厅Ⓑ立面图　（1:1）

实例46：主卧室装修立面图识读

图3-46为主卧室装修立面图，从图中可以了解以下内容：

1）A墙面贴玉兰牌浅蓝色壁纸，装暗壁灯2盏，开关设在床头柜两侧，下做80mm高木踢脚板，靠北端留出衣柜遮挡处墙面。另外A里面中还表明了衣柜上部吊顶、南窗窗帘盒及窗前暖器罩的做法。

2）B立面图主要表明窗的形式与窗帘盒高度、宽度及暖气罩与台板的做法；暖气散热窗做木百叶刷白漆，台板用人造大理石，暖气罩两侧做石膏板刷白乳胶漆。

3）C立面表明了卧室西墙装修、吊顶及踢脚板的做法。

4）D立面图主要表明房间内门形式与做法；门为红松拼接材；门套为50mm宽中密板喷白漆；墙面也是在原墙面上刷立邦美得丽乳胶漆。

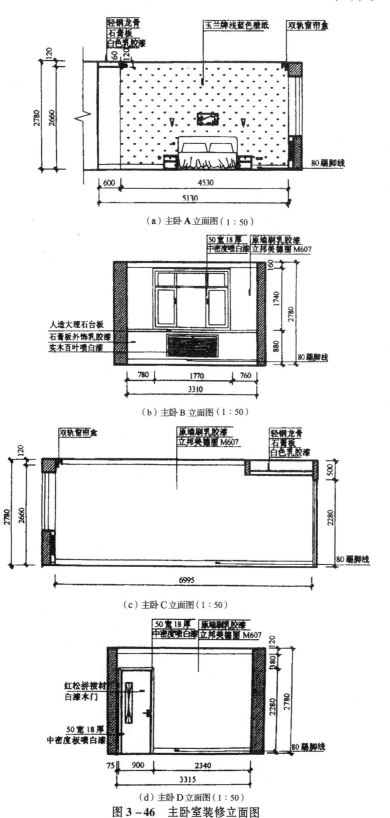

（a）主卧A立面图（1:50）

（b）主卧B立面图（1:50）

（c）主卧C立面图（1:50）

（d）主卧D立面图（1:50）

图3-46　主卧室装修立面图

实例 **47**：客厅装修立面图识读

图 3–47 为客厅装修立面图，从图中可以了解以下内容：

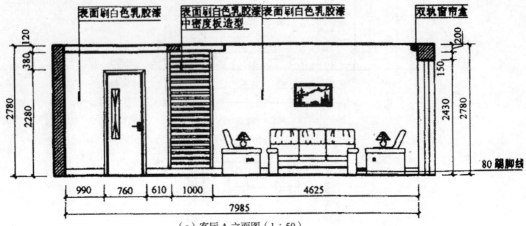

（a）客厅 A 立面图（1∶50）

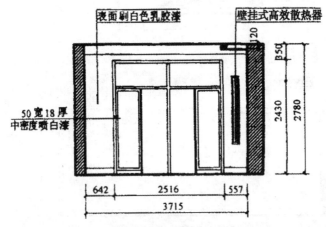

（b）客厅 B 立面图（1∶50）

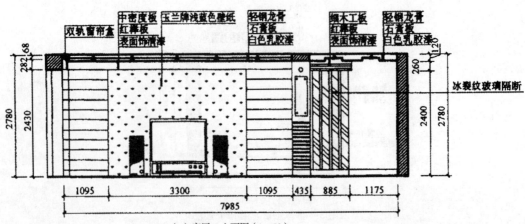

（c）客厅 C 立面图（1∶50）

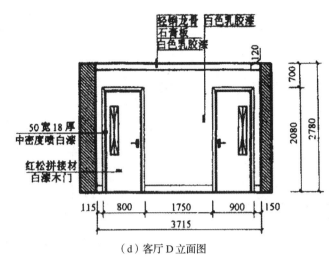

（d）客厅D立面图

图 3 - 47　客厅装修立面图

1）从 A 立面图中可以看出家具摆放情况及墙面装修情况：A 墙面为白色乳胶漆，在沙发背后悬挂装饰画，墙边处用中密度板做造型，刷白色乳胶漆；在南侧靠窗处做双轨窗帘盒。A 立面中还表明了卫生间墙面及其木门的形式。

2）B 立面图中表明落地窗的形式及窗套的装修方法，B 墙面刷白乳胶漆；窗东侧改用壁挂式高效散热器；B 立面中还表明了靠电视墙处棚面下降高度及断面形式。

3）客厅 C 立面图给出电视背景墙的装修与布置情况：背景墙贴蓝色壁纸，上做红榉板刷清漆，靠窗处墙面做木造型刷白乳胶漆。背景墙北侧做木造型较复杂，其间留有挂条幅处；与玄关相连处做冰裂纹玻璃隔断，做木造型横向刷白漆，竖向红榉木刷清漆；靠墙棚顶用轻钢龙骨吊石膏板刷白漆。

4）D 立面图中表明了儿童室、学习室木门形式与墙面装修方法，还表明了过道处吊顶的做法及高度。

实例48：某客房立面图识读

图 3 - 48 为某客房立面图，从图中可以了解以下内容：

1）该图为简洁室内造型，在墙面做些修饰，墙边设造型明快的衣柜，突出房间小巧、轻快、温馨的气氛，墙面为白色乳胶漆做法。

2）图中，床头上方墙面张贴三幅装饰画，装饰画的右侧为白色深 300 台板，台板右侧为一小窗，窗台采用黑胡桃饰面，并涂水曲柳手扫漆，窗帘为米色卷帘；床的右侧中间位置设活动床桌，桌上摆件为台灯。

实例49：某别墅室外装修立面图识读

图 3 - 49 为某别墅室外装修立面图，从图中可以了解以下内容：

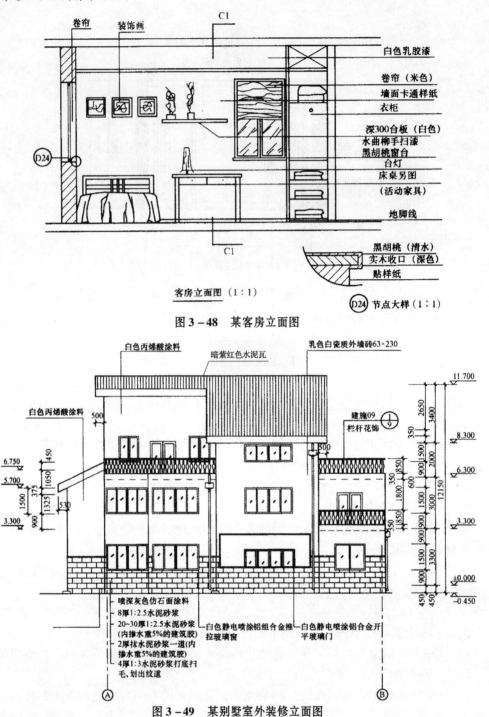

图 3-48 某客房立面图

图 3-49 某别墅室外装修立面图

1）该别墅外墙喷涂灰色仿石面涂料，白色丙烯酸涂料采用 63mm × 230mm 乳色白瓷质外墙砖，屋面采用暗紫红色水泥瓦。

2）该别墅外墙门窗的材质为白色静电喷涂铝合金。平台栏杆高度为 850mm，做法详图见建施 09。

3）图中还注明了别墅各层层高、各层高低错落的位置及总高度等。

实例50：某别墅客厅立面图识读

图3－50为某别墅客厅立面图，从图中可以了解以下内容：

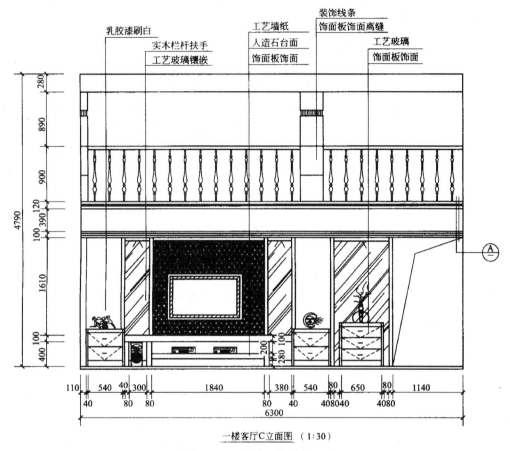

一楼客厅C立面图 （1:30）

图3－50　某别墅客厅立面图

1) 该立面图所处为一楼客厅的位置。

2) 一楼客厅按内视符号的指向有四个立面图，分别为A、B、C、D立面图，现取较复杂的C向立面图来识读。

3) 该立面有一个电视柜和三个带抽屉的矮柜，具体尺寸和位置见该图中所标注的尺寸。

4) 该立面图墙面有电视背景墙，从材料标注上看选用的是工艺墙纸；电视背景墙两侧是有外框的工艺玻璃镶嵌造型。

5) 电视机镶嵌在电视背景墙上，电视机下方是电视柜，电视柜以饰面板饰面，高度尺寸见图所示。

6) 玻璃镶嵌造型的外侧是以刷乳胶漆的刮白的墙面。

7) 电视背景墙的右侧是一个门洞，挨着门洞的左侧有一个以工艺玻璃作饰面板饰面造型的墙面。

8) 从立面图上看，该立面可分为二层，上层由实木栏杆扶手安装在立柱之间，立柱表面由饰面板饰面，中间有装饰线条。立柱左侧的为半柱，中间的为整柱。

9）在该立面图的右侧引出了剖切线的符号$\bigcirc\!\!\!\!\!\!^{A}$，说明在本图上 A 剖视图是一层与二层之间立面剖视详图。

10）该立面图没有标高标注，只有水平和垂直两种尺寸。图形的比例尺为 1:30。

实例51：某礼堂室外装饰立面图识读

图 3-51 为某礼堂室外装饰立面图，从图中可以了解以下内容：

1）该礼堂正立面采用干挂石材装饰。礼堂建筑主体为三层、两侧附房为两层的中式屋顶建筑；主要出入口在中间，入口处共有三樘 12mm 厚的玻璃自由门，入口台阶共七级；墙面分格线表示的是安溪红毛板的排板布局，有点状填充图例的分格表示的是印度红光面板装饰范围。左右墙面对称布置有安溪红中式石材浮雕；勒脚采用黑色蘑菇石干挂；屋顶檐口刷白色外墙乳胶漆装饰，屋顶为琉璃瓦屋面装饰，琉璃瓦仅画出了局部投影。

2）图中所示的下方和左方标注了石材排板的详细尺寸，立面装饰的分格及造型轮廓是装饰立面图的主要表达内容，各层窗口周边装饰有 120mm 宽的银灰铝塑板窗套；勒脚处为黑色蘑菇石，干挂的高度是 1.76m，单板分格宽度为 600mm，单板分格高度为 440mm，共四层；勒脚以上安溪红光板和印度红光面板的单板高度均为 600mm，安溪红光板的单板宽度为 600mm，印度红光面板的单板宽度为 840mm 和 600mm，墙面的石材干挂总高度为 13.16m。

实例52：某礼堂室外装饰骨架立面图识读

图 3-52 为某礼堂室外装饰骨架立面图，从图中可以了解以下内容：

1）该礼堂正立面改造为干挂石材的钢架布置施工，图中墙面竖线表示钢架竖梃（竖向龙骨）、横线为横向龙骨，竖向龙骨为 8 号槽钢，横向龙骨为 50×5 的等边角钢，图的左侧和下侧标注了竖向和横向龙骨的定位尺寸，其中右下方"7×1190=8330"表示该部位水平方向分为七等分，每一等分（竖梃中心距）为 1190mm。

2）图中"$\frac{3}{4}$预埋件"索引符号所指位置的小矩形是竖梃的支座（预埋件）的定位及外形，从图中可以看出，预埋件（有时也称钢锚板）设在每层楼盖和窗间墙位置。预埋件的施工必须在竖梃安装之前进行。水平角钢设在每一层石材的水平缝处，因为水平缝是不锈钢挂件连接上下两块石板的地方，故必须有横向角钢作为支撑。

实例53：某洗浴中心一层三个方向的立面图识读

图 3-53～图 3-55 为某洗浴中心一层三个方向的立面图，从图中可以了解以下内容：

1）如图中所给的立面图是走廊的 A、C、D 三个方向的立面图。首先要从整体的平面布置图中确立方位，确定要识读的区域，然后在平面布置图中按照内视符号的指向，依次识读走廊 A、C、D 面三个方向的立面情况。

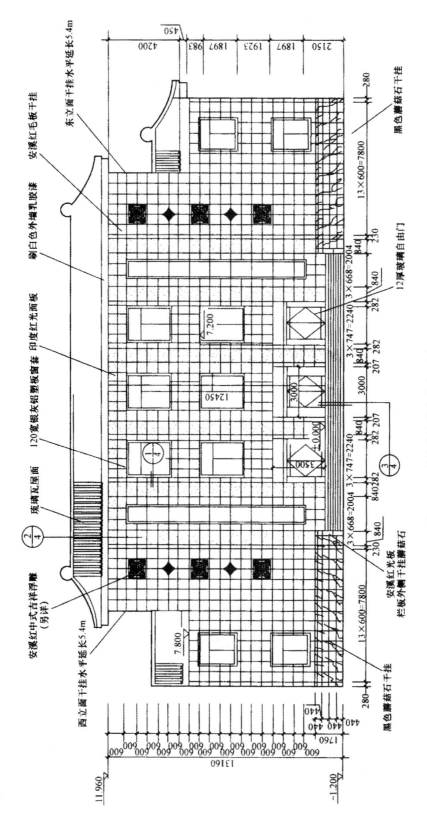

图 3-51 某礼堂室外装饰立面图 (1:100)

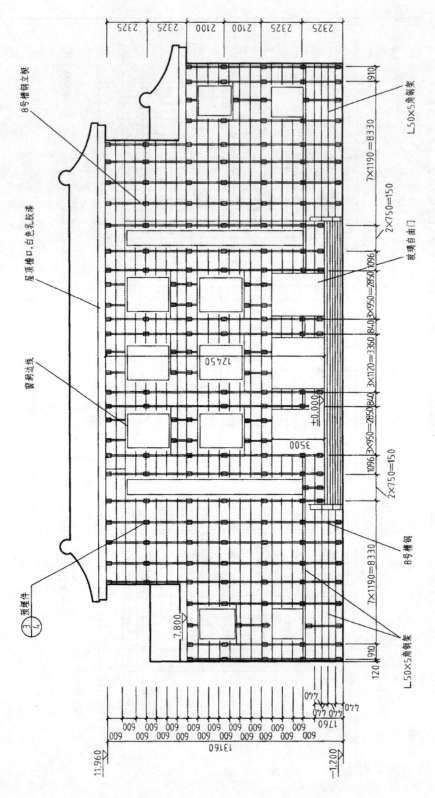

图 3-52 某礼堂室外装饰骨架立面图

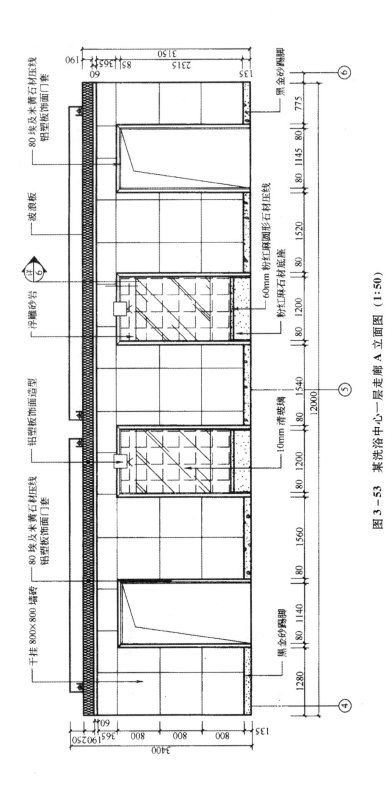

图 3－53　某洗浴中心一层走廊 A 立面图（1:50）

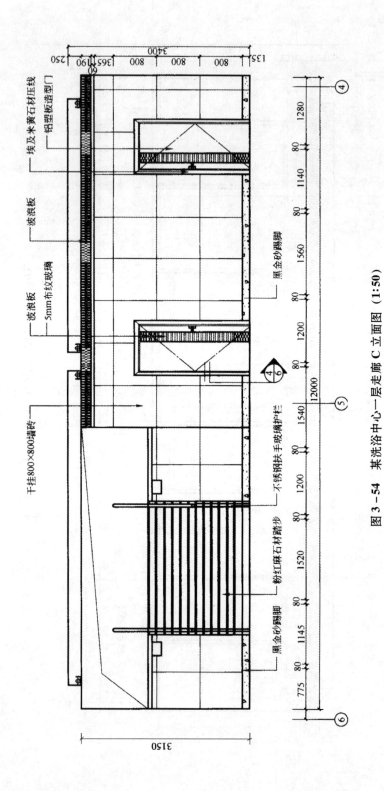

图 3 - 54　某洗浴中心一层走廊 C 立面图 (1:50)

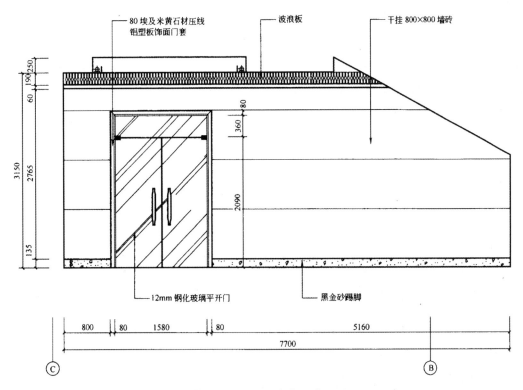

图 3-55 某洗浴中心一层走廊 D 立面图 (1:50)

2）在走廊 A 立面上主要是两个门洞、两个壁龛和墙的造型。在 C 的立面上主要是两个门和墙的造型。在 D 立面图中主要是一个双扇玻璃门及墙面造型。

3）在 A 立面图中，东西方向各开有一个门洞，其做法为：门套的正立面是 80mm 的埃及米黄石材压线，侧立面是铝塑板饰面，深度为 520mm。从图中可以知道门洞的尺寸宽为 1140mm，高为 2535mm。中间为两个壁龛造型，也是整个墙面的重点的装饰造型部分。其外围做法和门洞的外围做法一样，都是 80mm 的埃及米黄石材压线。上部为铝塑板造型，中间是大面积的浮雕砂岩，最下部是粉红色麻石材的底座，其上是用 60mm 的半圆形石材压线。在浮雕砂岩前有 12mm 厚的玻璃起一个防护及防尘作用。其宽度尺寸为 1200mm，高度尺寸与门洞的尺寸相同，都是 2450mm。最后看一下墙面的做法，在上部是金黄色波浪板压线，高度为 1190mm。而整个墙面是干挂 800mm×800mm 的墙砖。所谓干挂是指石材及大规格瓷砖的一种安装方法。也就是用槽钢、角钢龙骨架及不锈钢挂件做底层，然后用石材干挂胶粘接的一种施工工艺。墙面的下部是黑金砂的踢脚线。

4）在 C 立面图中，可以看到整个墙面的做法和 A 立面图中相同，不同的是在 C 立面图中，有两樘门。在门的造型中，门套的做法与 A 立面图中相同都是 80mm 的埃及米黄石材压线，在左边门的图中相交的点划线是表示门的开启位置，也就是说门的固定端在左侧，开启的一侧为右侧。整个门的做法也比较简单。在靠门把手处，有一竖直的装饰造型。在其上下两端是波浪板，中间是布纹玻璃。其尺寸可以从图中得知，宽 880mm，高为 2160mm。而右侧的门与左侧门在做法上相同，仅门的方位和横向的宽度有所不同。整个门的装饰效果简洁大方，其竖直装饰条纹与墙面的横向波浪板装饰相呼应，浑然一体。

5）在 D 立面图中造型比较简单。其墙面和前面的 A 和 D 立面的墙面做法相同。主要是有一双扇开启的无框玻璃地弹门。其双扇门的高度为 2090mm，宽度为 1580mm，其固定的上亮窗高为 360mm。门套的做法和前面的做法也相同，是 80mm 埃及米黄石材压线，侧面是厚 640mm 铝塑板饰面门套。需要注意的是右侧的斜线表示的是楼梯。

实例54：某实验室正立面图识读

图 3-56 为某实验室正立面图，从图中可以了解以下内容：

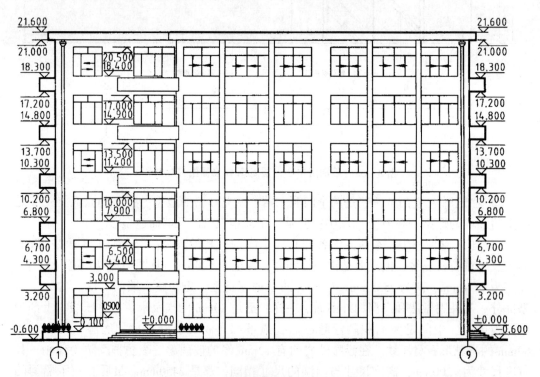

图 3-56　某实验室正立面图（1:100）

1）这是一幅比较简单的立面图，比例为 1:100。

2）立面图中显示了所有的门窗高度、阳台高度、室外地坪标高（-0.600）及房屋总高（21.600）。

3）窗户为推拉方式（隔一层有箭头表示）。

实例55：某宾馆会议室装饰立面图识读

图 3-57 为某宾馆会议室装饰 A 向立面图，图 3-58 为某宾馆会议室装饰 B 向立面图，从图中可以了解以下内容：

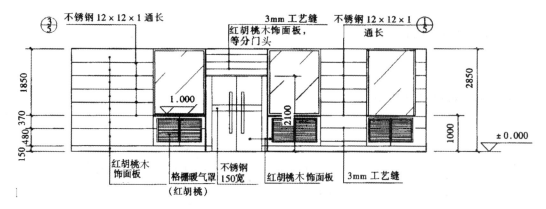

图 3-57 某宾馆会议室装饰 A 向立面图 （1:80）

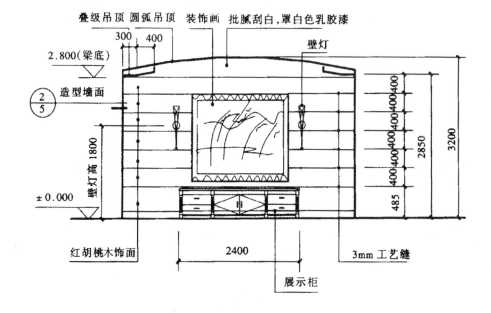

图 3-58 某宾馆会议室装饰 B 向立面图 （1:50）

1）如图 3-57，A 向立面图中顶棚距地为 2.85m。图 3-58B 向立面图圆弧顶棚距地为 3.200m，左右两侧叠级吊顶的造型尺寸分别为 300mm、400mm。

2）在图 3-57 中墙面用红胡桃木饰面板饰面，墙面窗台以上水平分格线采用宽 12 mm × 12 mm × 1 mm［宽 × 高 × 厚］不锈钢槽线装饰，窗台以下分格线为 3mm 宽留缝做法（简称工艺缝），窗台下暖气罩用红胡桃木制作、格栅造型。图 3-58 中墙面也用红胡桃木饰面，但分格线做法均为 3mm 工艺缝，墙面中央有挂画，两侧有壁灯装饰。

3）在图 3-57、图 3-58 中采用墙面与吊顶面直接相交做法，无顶角线。

4）在 A 向立面图中，大门为装饰门，门上部亮子区域为横线做法，门面和门套均为红胡桃木饰面，门上有 150mm 宽水平不锈钢装饰带。

5）从图 3-58 中可见有展示柜一张，长度为 2.40m。

3.3 装饰装修施工剖面图

实例 56：顶棚剖面图识读

图 3 – 59 为顶棚剖面图，从图中可以了解以下内容：

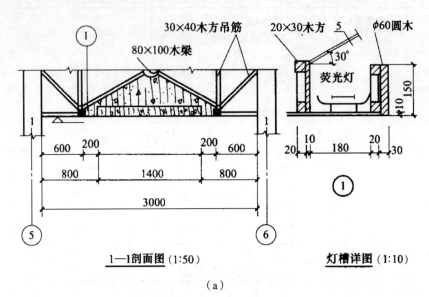

（a）

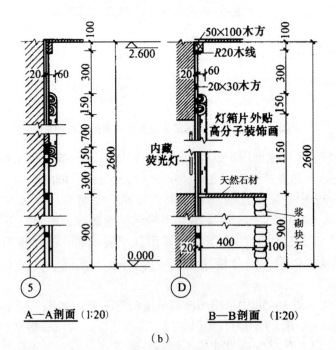

（b）

图 3 – 59　顶棚剖面图

1）根据图（a）所示图形特点，可以断定其为顶棚剖面图。

2）图（b）所示 B – B 剖面，是 B 立面墙的墙身剖面图，从上而下识读得知：内墙与吊顶交角用50mm×100mm木方压角；主墙表面用仿石纹夹板，内衬20mm×30mm木方龙骨；夹板与50mm×100mm木方间用 R20 木线收口；假窗窗框采用大半圆木做成，窗洞内藏荧光灯，表面是灯箱片外贴高分子装饰画；假窗下是壁炉，壁炉台面是天然石材，炉口是浆砌块石。

3）图（a）所示吊顶，由于比例很小，并且是不上人的普通木结构吊顶，因此未作详细描述，只是对灯槽局部以大比例的详图表示。对于某些仍然未表达清楚的细部，可以由索引符号找到其对应的局部放大图（即详图），如图（a）所示灯槽即是。

实例 57：某建筑室内装饰整体剖面图识读

图 3 – 60 为某建筑室内装饰整体剖面图，从图中可以了解以下内容：

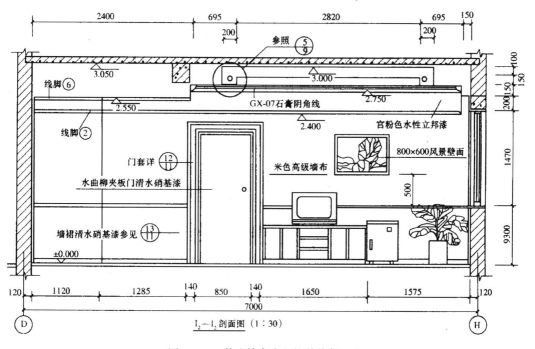

图 3 – 60　某建筑室内装饰整体剖面图

1）该图是从二层平面布置图上剖切得到的。

2）该室内顶棚有三个迭级，标高分别是 3.000m、2.750m、2.550m。从混凝土楼板底面结构标高，可知最高一级顶棚的构造厚度只有 0.05m，也就是说只能用木龙骨找平后即行铺钉面板，从而明确该处顶棚的构造方法。

3）根据剖面编号注脚找出相对应的二层顶棚平面图，可知该室内顶棚均为纸面石膏板面层，除最高一级顶棚外，其余顶棚的主要结构材料为轻钢龙骨。

4）最高一级顶棚与二级顶棚之间设有内藏灯槽，宽为 0.20m，高为 0.25m。

5）Ｈ轴墙上有窗，窗帘盒是标准构件，见标准图集。

6）二级顶棚与墙面收口用石膏阴角线，三级顶棚与墙面收口用线脚⑥。

7）墙裙高 0.93m，做法参照饰施详图。

8）门套做法详见饰施详图；墙面裱米色高级墙布，自线脚②以上为宫粉色水性立邦漆；墙面有一风景壁画，安装高度距墙裙上口为 0.50m，横向居中。

9）室内靠墙有矮柜、冰柜、电视机，右房角有盆栽植物等。

实例58：某建筑门头装饰整体剖面图识读

图 3-61 为某建筑门头装饰整体剖面图，从图中可以了解以下内容：

1）由图名"I₁—I₁剖面图"可知，该图是从底层平面布置图上剖切得到的剖面图。

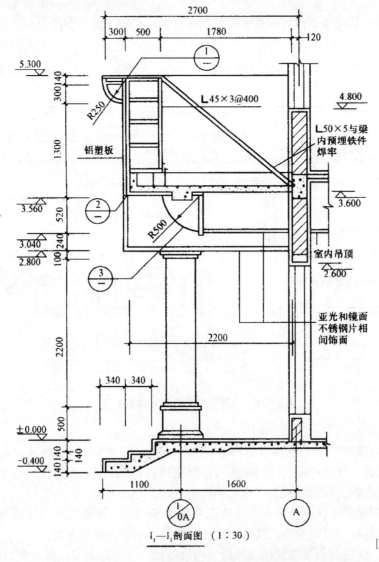

图 3-61　某建筑门头装饰整体剖面图

2）门头上部有一个造型牌头，其框架是用不同型号的角钢组成的，面层材料是铝塑板。

3）雨篷底面是门廊顶棚，均用亚光和镜面不锈钢片相间饰面。

4）门头上部造型分别注有三个索引符号，表明这三个部位（交汇点）均另有节点详图表明其详细做法，详图就在本张图纸内，因而在尺寸和文字标注上都表达概括。

实例59：墙（柱）面装饰剖面图识读

图 3-62 为墙（柱）面装饰剖面图，从图中可以了解以下内容：

1）踢脚线用实木高为 150mm，踢脚线上方为实木墙裙，高为 850mm，墙裙上方刮白贴素色壁纸，高为 1460mm，挂镜线以上到顶棚底面刮白，罩白色乳胶漆，高为 240mm。

2）顶棚底面标高为 3.150m。

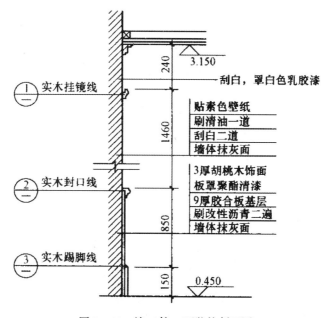

图 3-62 墙（柱）面装饰剖面图

实例60：某别墅墙面装饰剖面图识读

图 3-63 为某别墅墙面装饰剖面图，从图中可以了解以下内容：

1）踢脚线、墙裙封边线、挂镜线都凸出墙面；踢脚线高为 300mm，踢脚线上方是墙裙，高为 1700mm；墙裙上方刮白、贴素色壁纸，高是 2900mm；挂镜线以上至顶棚底面为罩白色乳胶漆，高 480mm。

2）顶棚没有顶角线。

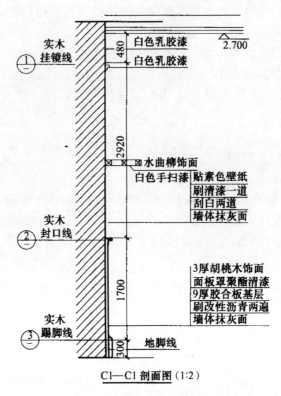

图3-63 某别墅墙面装饰剖面图

3）挂镜线上方为罩白色乳胶漆墙面。

4）顶棚底面标高是2.700m。

实例61：电视机背景墙2-2剖面图识读

图3-64为电视机背景墙2-2剖面图，从图中可以了解以下内容：

1）放置电视机的大理石台面板出挑500mm，高于地面420mm，厚度为40mm（以伸入墙内4根$\phi12$的钢筋支撑），下设可以放置杂物的抽屉，抽屉的饰面也采用了40mm厚紫罗红大理石质地的饰面板，总高为150mm。

2）电视机背景墙主体采用10mm厚背漆磨砂玻璃装饰并以广告钉固定装饰到墙面上，凸出于背漆玻璃装饰面的是高约700mm且带有9厘板基层的装饰铝塑板，其厚度为160mm，且内暗藏灯带。

3）悬挂式吊顶顶棚空间设有暗藏灯带及射灯，石膏板吊顶有220mm高，其他详细尺寸和装修界面详见图中。

实例62：某宾馆会议室顶棚剖面图识读

图3-65为某宾馆会议室顶棚剖面图，从图中可以了解以下内容：

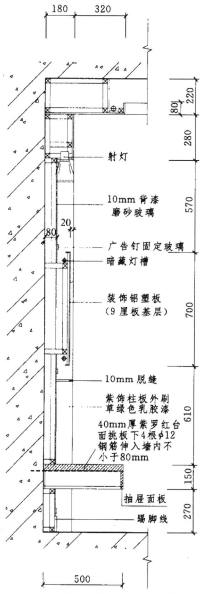

图 3-64 电视机背景墙 2-2 剖面图

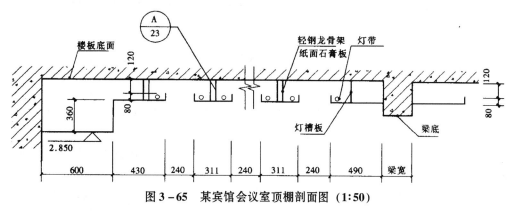

图 3-65 某宾馆会议室顶棚剖面图（1:50）

该图反映了顶棚与墙和梁相交的做法和造型，顶棚最低处为2.850m，左侧吊顶宽度为600mm，向右的其他水平尺寸表示了圆弧顶的吊顶面和灯槽口处的宽度，灯槽口立边高为80mm。

3.4　装饰装修施工详图

实例63：木制门详图识读

图3-66为木制门详图，从图中可以了解以下内容：

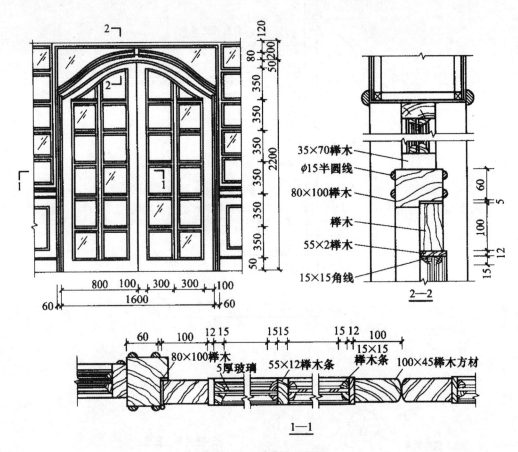

图3-66　木制门详图

1）该木门是双扇玻璃木门，门洞宽为1600mm，高为2200mm。

2）门上边是弧型造型，门扇宽为800mm、门边宽为100mm，门扇内是由尺寸为350mm×300mm的田字格木框组成。

3）在门扇立面图上有两处剖面图索引符号1-1和2-2，因此在本图纸的两侧有两个剖面图，分别为剖面图1-1与剖面图2-2。

4）剖面图1-1是门扇的水平剖面图，剖面图2-2是门扇与门框的垂直剖面图。

两个剖面图详细地表明了门扇门框的组成结构、材料与详细尺寸，如门边是由100mm×45mm的榉木方材制成，而门框是由80mm×100mm的榉木制成。

5）门框内外侧分别镶嵌ϕ15mm半圆线，玻璃5mm厚，用15mm×15mm的木角线固定。

实例64：装饰门详图识读

图3-67为装饰门详图，从图中可以了解以下内容：

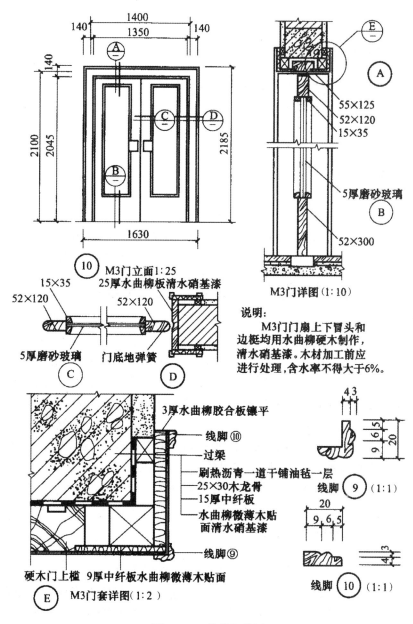

图3-67 装饰门详图

1）本例图门框上槛包在门套之内，所以只注出门洞口尺寸、门套尺寸与门立面总尺寸。

2）本例图竖向与横向都有两个剖面详图。其中门上槛尺寸为55mm×125mm、斜面压条尺寸为15mm×35mm、边框尺寸为52mm×120mm，均表示它们的矩形断面的外围尺寸。门芯为5mm厚磨砂玻璃，门洞口两侧墙面与过梁底面用木龙骨和中纤板、胶合板等材料包钉。A剖面详图右上角的索引符号表明，还有比该详图比例更大的剖面图表达门套装饰的详细做法。门套的收口方式为阳角用线脚⑨包边，侧沿用线脚⑩压边，中纤板的断面用3mm厚水曲柳胶合板镶平。线脚大样比例为1:1，是足尺图。

实例65：防火卷帘门识读

图3-68为防火卷帘门，从图中可以了解以下内容：

图中包括防火卷帘门立面图、剖面图，8型、14型、16型平面图，8型、14型、16型节点图。

实例66：木窗详图识读

图3-69为木窗详图，从图中可以了解以下内容：

1）该图为一樘平开的木制窗，是由窗框与对开的两个窗扇所组成的。

2）图中的窗户樘框由窗框的两个边框以及上、下冒头所组成，从1-1剖面、2-2剖面和5-5剖面的局部详图上看，樘框的断面形状是在方形的截面上裁制出一个"L"形的缺口，同时在樘框的背面两侧也裁制出较小的凹下去的小角线槽。窗扇由边框、窗板与上、下冒头组成。但是从1-1剖面和3-3剖面的局部详图上看，窗扇的边框有两种断面形式，一种为窗扇外边框，其截面的外侧平直，内侧裁制出安装玻璃的"L"形裁口槽；另一种为位于两个窗扇中间的两个内边框（也称中挺），其除了要在断面上裁制出安装玻璃的"L"形裁口槽外，还需在内边框截面相对的另一面同样裁制出"L"形缺口，以利于两个窗户扇间关闭后互相弥合。窗扇的上、下冒头断面形状可参见2-2剖面与5-5剖面局部详图的内侧，截面形式与窗扇外边框截面形状大致相同。窗扇的窗板是指窗扇中的横长，通常都是在窗棂截面的上下裁制线型。在窗板的外侧裁制"L"形的角线槽，以便安装窗玻璃，而在窗板的内侧裁制各种漂亮的坡形或者曲形截面。

实例67：铝合金窗节点详图识读

图3-70为铝合金窗节点详图，从图中可以了解以下内容：

1）这是铝合金窗图样的一个剖面图，只能够看到窗扇的上横框和下横框的断面，上横框和下横框之间夹装玻璃后用橡胶条固定，下横框的下部端面装有滑轮。

2）窗扇组装之后安装在窗框的上下滑框之间。

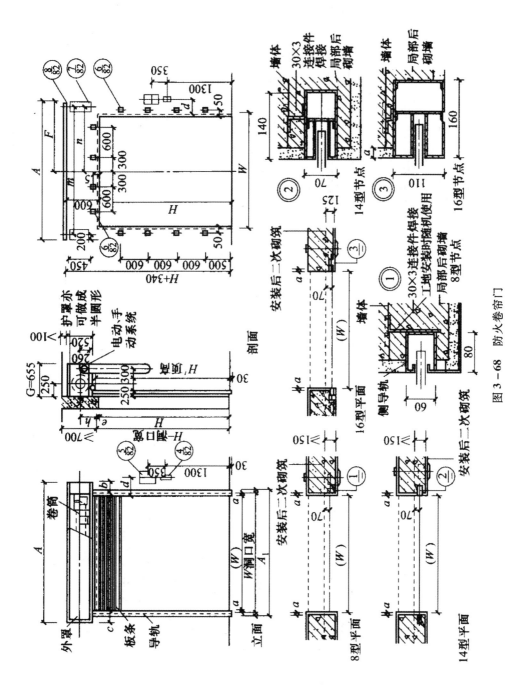

图 3-68 防火卷帘门

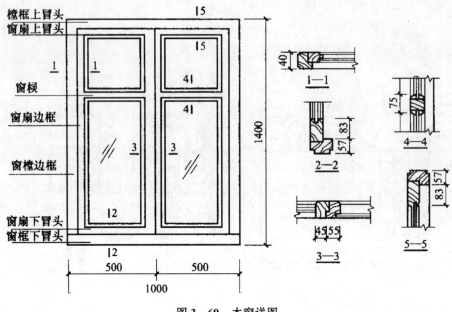

图 3 – 69 木窗详图

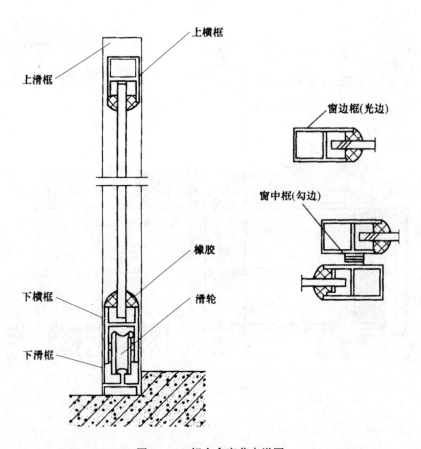

图 3 – 70 铝合金窗节点详图

3）从局部详图上看，两个窗扇内侧的边框采用中框，而窗扇的外侧边框则采用边框，把玻璃夹装进去后用橡胶条密封即可。

实例68：某别墅装饰门及门套详图识读

图3-71为某别墅装饰门及门套详图，图3-72为门套立体图，从图中可以了解以下内容：

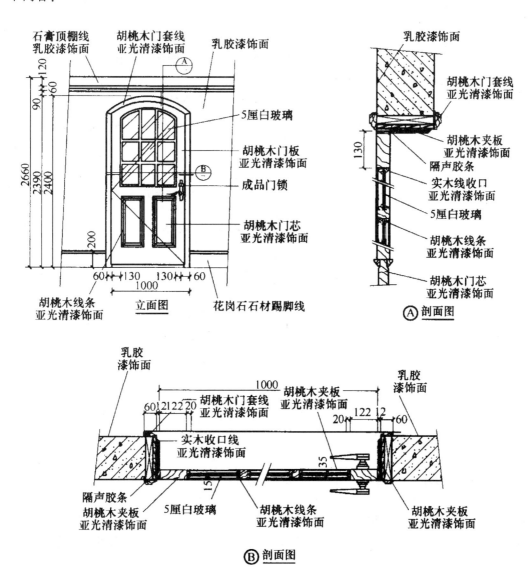

图3-71 某别墅装饰门及门套详图

1）图3-71所示门扇立面周边是胡桃木板饰面，门芯板处饰以胡桃木面板，门套饰以胡桃木线条，亚光清漆饰面。

2）门的立面高是2.400m、宽是1.000m，门套宽度是60mm。图中有"A"、"B"两个剖面索引符号，其中"B"是将门剖切后向下投影的水平剖面图，"A"是门头上方局部剖面，剖切后向左投影。

3）图 3 – 71 下方 Ⓑ 剖面图为门的水平剖面图。从图上看到，门套的装饰结构由木龙骨架、木工板打底，为形成门的止口，还加贴了胡桃木夹板，然后再粘贴胡桃木饰面板形成门套。门的贴脸做法比较简单，直接把门套线安装在门套基层上，表面以亚光清漆饰面。门扇的拉手是不锈钢制手锁（成品），门体是木龙骨架、表面饰以红影（中间）与胡桃木（两边）饰面板，为形成门表面的凹凸变化，胡桃木下垫有夹板。

4）图 3 – 71 中右侧的 Ⓐ 剖面图是门头处的构造做法，与 Ⓑ 剖面图表达的内容大致相同，反映了门套与门扇的用料、断面形状及尺寸等，不同的是该图是一个竖向剖面图，左右的细实线是门套线（贴脸条）的投影轮廓线。

5）图 3 – 72 所示的 M – 3 门是内开门，图中的门扇在室内一侧。门窗详图中一般要画出与之相连的墙面的做法、材料图例等，表示出门、窗与周边的联系，多余部分则用折断线折断后予以省略。

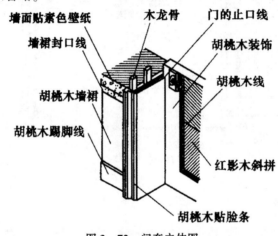

图 3 – 72　门套立体图

实例 69：外墙身详图识读

图 3 – 73 为外墙身详图，从图中可以了解以下内容：

1）该图由 3 个节点构成。

2）从图中能够看出基础墙为普通砖砌成，上部墙体用加气混凝土砌块砌成。

3）在室内地面处设有基础圈梁，在窗台上也设有圈梁，一层窗台的圈梁上部突出墙面 60mm，突出部分高 100mm。

4）室外地坪标高为 – 0.800m，室内地坪标高为 ±0.000m。

5）窗台高 900mm，窗户高 1850mm，窗户上部的梁同楼板是一体的，到屋顶与挑檐也构成一个整体，由于梁的尺寸比墙体小，在外面又贴了 50mm 的聚苯板，因此能够起到保温的作用。

6）室外散水、室内地面、楼面、屋面的做法采用分层标注的形式表示的。

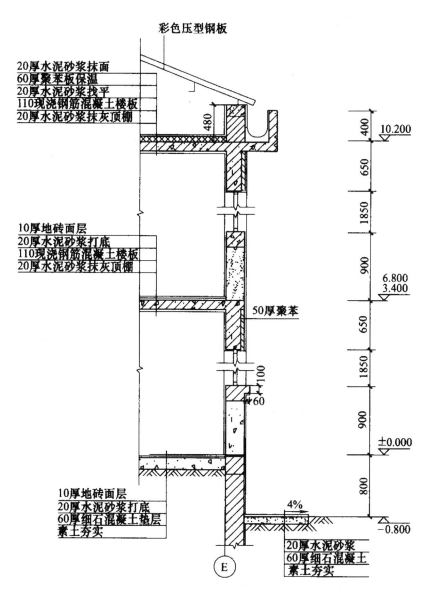

图 3-73 外墙身详图 (1:20)

实例 70：墙身剖面节点详图识读

图 3-74 为墙身剖面节点详图，从图中可以了解以下内容：

1) 图中左边是施工图，表达了四个节点，分别是：

①屋面、挑檐与墙身、窗框连接及屋面做法。

②窗框、窗台与墙身连接及墙面（内、外）做法。

③楼面、踢脚与墙身、过梁窗框连接及楼面做法。

④地面、踢脚、防水层、散水与墙身连接及地面和散水做法。

2）各个节点的做法施工部位与文字排列顺序相对应，其中②节点代表一至六层所有的对应部位，③节点代表二至六层所有的对应部位。

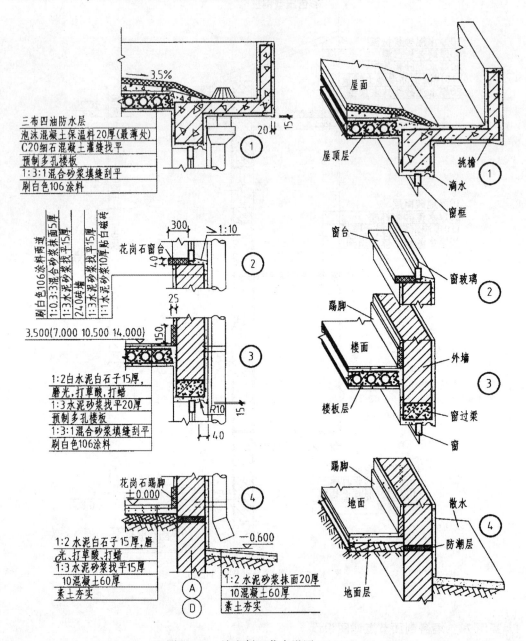

图 3—74　墙身剖面节点详图（1:20）

实例71：某餐厅吊顶详图识读

图3—75为某餐厅吊顶详图，从图中可以了解以下内容：

1）吊杆是 $\phi 8mm$ 钢筋，其下端有螺纹，用螺母固定主龙骨垂直吊挂件，垂直吊挂件钩住高度50mm的主龙骨，再用中龙骨垂直吊挂件钩住中龙骨（高度为

19mm），在中龙骨底面固定 9.5mm 厚纸面石膏板，然后在板面批腻刮白、罩白色的乳胶漆。

2）图中有荧光灯槽的做法，灯的右侧是石膏顶角线白色乳胶漆饰面，用母螺钉固定于三角形木龙骨上，三角形木龙骨又固定于左侧的木龙骨架上，荧光灯左侧有灯槽板做法，灯槽板为木龙骨架、纸面石膏板。

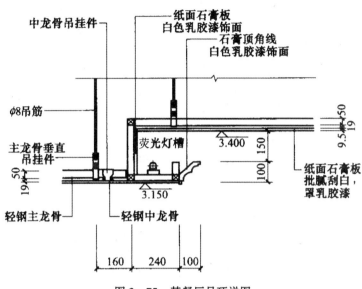

图 3-75　某餐厅吊顶详图

实例 72：楼梯详图识读

图 3-76 为楼梯详图，从图中可以了解以下内容：

1）底层平面图只有一个被剖切的梯段与栏板，并注有"上"字的长箭头。

2）本图除了画出承重墙以外，还画出了楼梯与餐厅之间的隔墙、支承楼梯梁的砖柱的位置与大小等。从文字说明可以了解到，休息平台与第二梯段的下方用作贮藏室兼自行车库。

3）本图的二层平面图也是顶层平面图，画出两段完整的梯段与休息平台，在梯口处有一个注"下"字的长箭头。

4）底层与二层注出了相同的踏步数，但是所注的踏步数比总级数少二级，这主要是由于各梯段的最高一级踏面与休息平台或者楼层面重合的缘故。

5）本例的剖面图是从第一梯段剖切后向右（东）投影的。

6）对踏步形式、级数以及各踢面高度、平台面、楼面等的标高都注有详细的尺寸。

7）对于栏板、扶手等细部的构造与材料等又用索引符号引出，表示另有节点详图表示。

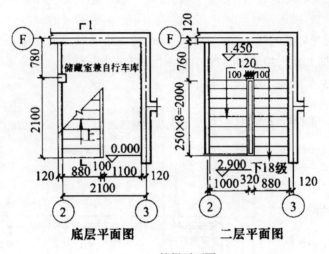

（a）楼梯平面图

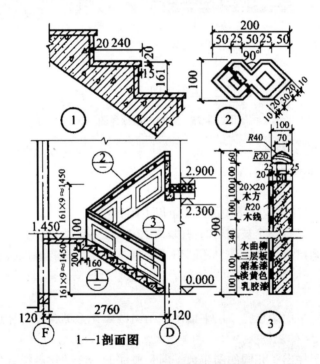

（b）楼梯剖面图及节点详图

图 3 - 76 楼梯详图

实例 73：楼梯栏板详图识读

图 3 - 77 为楼梯栏板详图，从图中可以了解以下内容：

1）该楼梯栏板是由硬木扶手、不锈钢管和钢化玻璃所组成。栏板高为 1.00m，每隔两踏步有两根不锈钢管，管间的距离为 0.14m。

2）⑧详图表示钢化玻璃与不锈钢管的连接构造；ⓒ详图表示不锈钢管与踏步的连接；Ⓐ详图表示扶手的断面形状与材质，使用琥珀黄硝基漆饰面。Ⓓ详图表示扶手尽端与墙体连接方法及所用材料。

3）顶层栏板受梯口宽度影响，其水平向的构造分格尺寸与斜梯段不同。

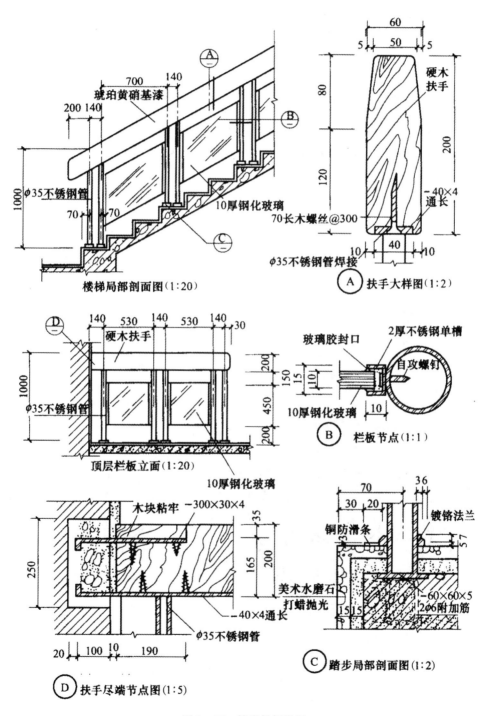

图 3-77　楼梯栏板详图

实例74：某建筑圆形楼梯详图识读

图3-78为某建筑圆形楼梯详图，从图中可以了解以下内容：

1）该楼梯为圆形楼梯，占地尺寸为3800mm×3800mm，楼梯的高度是3.868m。

2）楼梯由两段不同半径的圆弧组成，上半段楼梯宽度是1850-800=1050mm，分为15级，每个踏步外端宽度是$2\pi\times1900/2\times15=398$mm。下半段楼梯宽度是1450-400=1050mm，分为8级，每个踏步外端宽度为$2\pi\times1450/2\times8=569$mm。每个踏步高是3868/（14+8）=176mm。

3）在圆楼梯踏步混凝土板下面是由木龙骨与木夹板组成的吊顶，表面采用白色喷涂。

4）该楼梯为钢筋混凝土结构，栏杆与扶手是铜管制成的。楼梯扶手上沿端距地毡表面高度为900mm，扶手直径为65mm。栏杆固定在混凝土基础上，栏杆直径为25mm，铜管栏杆座直径为75mm。

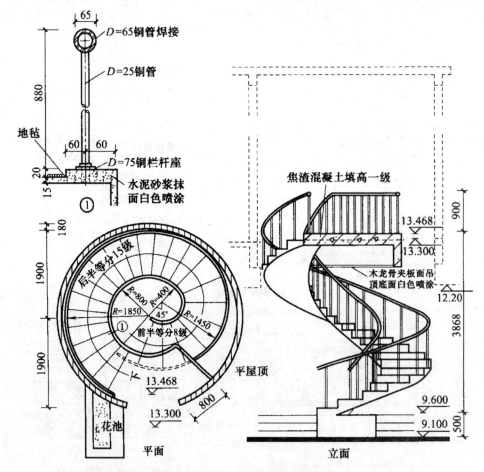

图3-78 某建筑圆形楼梯详图

实例75：地面详图识读

图 3 – 79 为地面详图，从图中可以了解以下内容：

1）图中①详图是一层客厅地面中间的拼花设计图，属局部平面图。从图中可以看出该图标注了图案的尺寸、角度，用图例Ⓐ表示了各种石材，标注了石材的名称。图案大圆直径为 3.00m，图案由四个同心圆和钻石图形组成。识读局部平面图时，应先了解其所在地面平面图中的位置，当图形不在正中时应注意其定位尺寸。图形中的材料品种较多时可自定图例，但必须用文字加以说明。

2）图中的Ⓐ详图表示该拼花设计图所在地面的分层构造，图中采用分层构造引出线的形式标注了地面每一层的材料、厚度及做法等，是地面施工的主要依据。图中楼板结构边线采用粗实线，其他各层采用中实线表示。

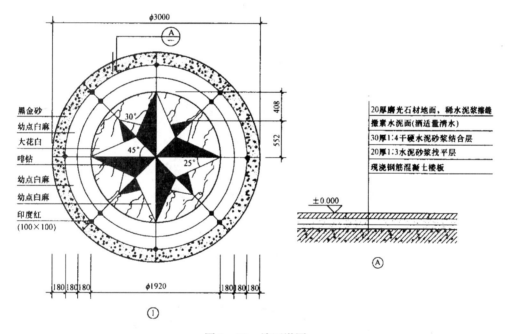

图 3 – 79 地面详图

实例76：室内墙、地面结构详图识读

图 3 – 80 为室内墙、地面结构详图，从图中可以了解以下内容：

1）吊顶部分悬吊于基础棚面上，除了与基础棚面结合的一圈木质线条之外，这个棚圈由木质吊顶、木龙骨、纸面石膏板与筒灯组成。

2）悬吊棚圈的木龙骨与吊杆之间均采用 30mm × 40mm 的木方结合、纸面石膏板面层直接安装到棚面的木龙骨上，在纸面石膏板面层上直接开孔安装直径 100mm 的筒灯。

3）棚面由 30mm × 40mm 的白松木方制成方形的框架结构与墙体结合，这个框架结构由前面三根木龙骨与后面的三根墙体木龙骨所组成，框架表面安装9mm厚的胶合板作为墙体的面层，框架结构的下面则为规格是100mm×40mm的组合木线条镶贴在墙体与框架相交的部位，作为压角线来使用。

4）整个墙体都是由木龙骨与胶合板构成，由30mm×40mm的白松木方制成龙骨格栅作为墙体装修的骨架与基础墙体结合，然后把胶合板直接安装于龙骨上，最后在墙体的面层上刮白并且涂刷乳胶漆。

5）墙体下部的护墙板结构形成了一个凸起的墙脚造型，它由一个方形的构架与压角线、踢脚线组成。

6）框架结构的上方与墙体的交界处钉装一个规格为40mm×25mm的压角线，规格为120mm×20mm的踢脚线则安装在墙脚造型与地板的交界处。

7）地面的剖面相对比较简单，实木地板铺装在等距的地面木龙骨之上，由图上的引出线得知，这些木龙骨采用30mm×40mm的落叶松木材制作而成。

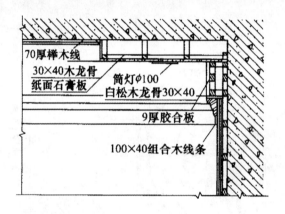

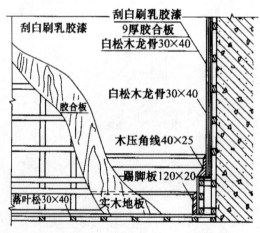

图3-80 室内墙、地面结构详图

实例77：常见住宅室内棚面结构详图识读

图3-81为常见住宅室内棚面结构详图，从图中可以了解以下内容：

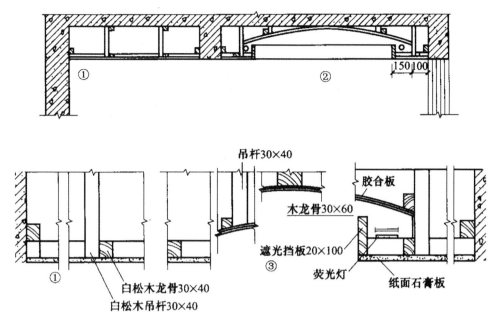

图 3－81　常见住宅室内棚面结构详图

1）平棚的结构基本是在基础棚面上安装了两根吊杆，将棚面的木龙骨与吊杆及墙体中间的过梁上的木龙骨相结合，然后再将棚面材料与吊顶水平方向的木龙骨结合。

2）在局部详图的引出线上标注的木吊杆与木龙骨均是 30mm×40mm 的白松木方，而从图中的剖面符号来看，吊顶的面层为纸面石膏板。

3）拱形吊顶实际上是一个暗槽反光顶棚，棚的中部呈拱形，拱脚深入两侧的悬吊顶棚内形成一个较大的反光面，拱脚与悬吊顶棚之间有前后两块遮光挡板，共同组成了灯具的发光暗槽。当灯具发光以后，光线的主要部分被挡板遮住，而所有的光线均由挡板和拱形吊顶反射出去，因而光线柔和。

4）棚面所用的木吊杆、木龙骨均是采用同样的 30mm×40mm 的白松木方，拱形造型的面层用 3mm 胶合板弯曲而成。由于拱顶部位与建筑的基础棚面的间距很近，空间狭小，不可能适于安装吊杆的施工，因此在拱顶的部位使用了 30mm×60mm 的白松木方，以方便拱顶的胶合板与基础棚面结合。

实例78：阳台垭口、侧墙大样图识读

图 3－82 和图 3－83 分别为阳台垭口和阳台侧墙大样图，从图中可以了解以下内容：

1）阳台垭口宽为 2050mm，高为 2600mm，并用胡桃木实木线条进行装饰；阳台侧墙宽为 2320mm，高为 2600mm，由下至上分别采用贴文化砖和刷白色漆饰面，并采用木格吊顶。

2）在装饰设计中常把没有门的出入口处的设计称为垭口设计。该组设计是想把使用者的阳台打造成一个花园式阳台。

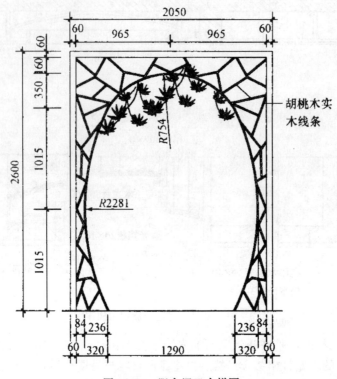

图3-82 阳台垭口大样图

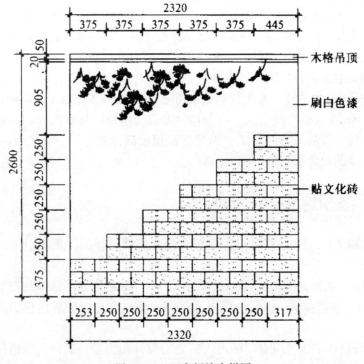

图3-83 阳台侧墙大样图

实例 79：电视背景墙 A 大样图识读

图 3-84 为电视背景墙 A 大样图，从图中可以了解以下内容：
这个客厅宽为 3700mm，层高为 2600mm，电视柜高 400mm。

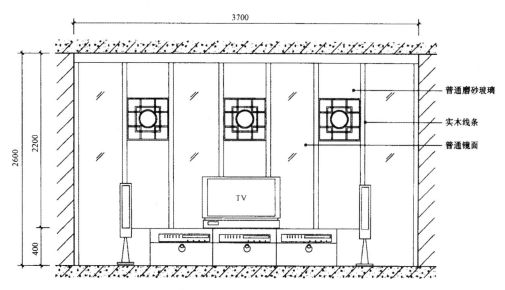

图 3-84 电视背景墙 A 大样图

实例 80：某别墅断面图识读

图 3-85 为某别墅断面图，从图中可以了解以下内容：

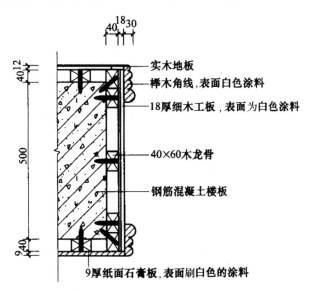

图 3-85 某别墅断面图 (1:10)

1）基础为钢筋混凝土楼板或梁；

2）龙骨是用40mm×60mm木龙骨，用钢钉固定；

3）二层地面铺实木地板，厚度为12mm，中间立面采用18mm厚细木板，表面刷白色涂料，下面吊顶用9mm纸面石膏板，表面刷白色涂料；

4）在立面上端与下端各镶嵌木角线，其表面刷白色涂料。

实例81：某别墅影视墙节点详图识读

图3-86为某别墅影视墙节点详图，从图中可以了解以下内容：

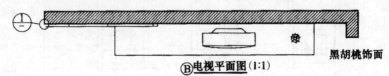

Ⓑ电视平面图（1:1）

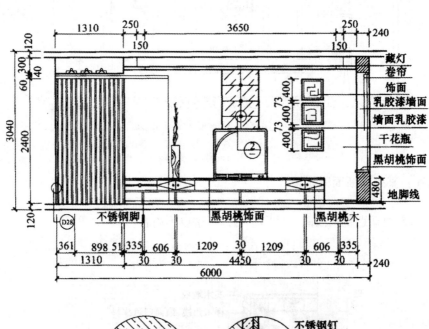

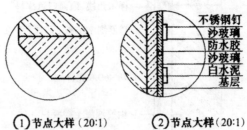

①节点大样（20:1）　②节点大样（20:1）

图3-86　某别墅影视墙节点详图

1）①节点详图的位置在详图Ⓑ电视平面图1:1的最左边，②节点详图位置在影视墙正立面图的中央位置。

2）①节点详图反映了影视墙与墙面衔接处的节点做法，转角处以木线条拼接做了柔化处理。

3）②节点详图表示玻璃墙面的装饰做法，根据分层构造引出的说明制作——基层之上刮白水泥，随后使用不锈钢钉固定沙玻璃，沙玻璃之间的缝隙填防水胶嵌缝。

实例82：某别墅一层餐厅顶棚节点详图识读

图 3-87 为某别墅一层餐厅顶棚节点详图，从图中可以了解以下内容：

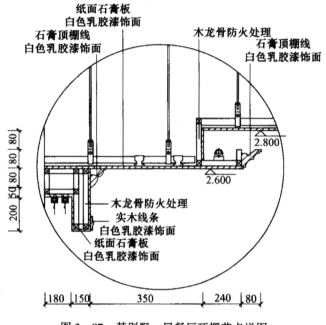

图 3-87　某别墅一层餐厅顶棚节点详图

1）石膏顶棚从组成上看主要是由吊杆、主龙骨与次龙骨组成，局部龙骨（竖向）为木龙骨，并且做好防火处理。

2）从造型上看，是叠级吊顶，高差为 2.600m 与 2.800m 之差，为 0.200m。

3）靠左面为墙体，在墙体与吊顶交界处安装窗帘盒，窗帘盒内安装双向滑轨。窗帘盒深是 200mm，宽 180mm。

4）在叠级处有一发光灯槽，灯槽宽为 240mm，高为 160mm，槽口为 80mm，槽口下侧安装石膏角线，槽内安装荧光灯。

5）在顶棚与窗帘盒的交接处，安装了石膏角线，在窗帘盒外侧下端安装木角线。整个装饰外表面涂刷白色的乳胶漆。

实例83：底层小餐厅内墙装饰剖面节点详图识读

图 3-88 为底层小餐厅内墙装饰剖面节点详图，从图中可以了解以下内容：

1）最上面的为轻钢龙骨吊顶、TK 板面层、宫粉色水性立邦漆饰面。

2）顶棚和墙面相交处用 GX-07 石膏阴角线收口；护壁板上口墙面采用钢化仿瓷

涂料饰面。

3）墙面中段是护壁板，护壁板面中部凹进 5mm，凹进部分嵌装了 25mm 厚的海绵，并且用印花防火包面。护壁板面无软包处贴水曲柳微薄木，清水涂饰工艺。

4）薄木与防火布两种不同饰面材料之间采用 1/4 圆木线收口，护壁上下用线脚⑩压边。

5）墙面下段为墙裙，与护壁板连在一起，通过线脚②区分开来。

6）护壁内墙面刷热沥青一道，干铺油毡一层。

7）所有水平向龙骨都设有通气孔，护壁上口与锡脚板上也设有通气孔或者槽，使护壁板内保持通风干燥。

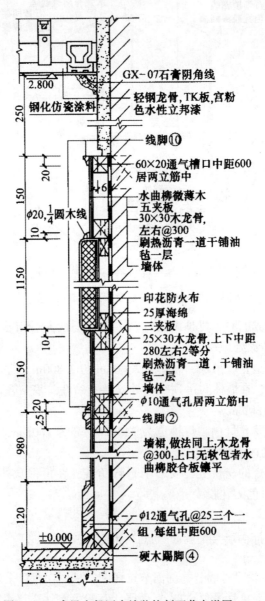

图 3-88　底层小餐厅内墙装饰剖面节点详图（1:3）

实例84：主卧室床头背景墙详图识读

图3－89为主卧室床头背景墙详图，从图中可以了解以下内容：

1）床头设有高为900mm、宽为200mm且含有暗藏灯槽的以胡桃木饰面的装饰构件。

2）背景墙材料主体采用带有基板的浅米色亚麻布进行软包装饰，厚度为40mm，其中每隔500mm以钢砂压条固定。

3）卧室的顶棚采用石膏板吊顶，吊高为220mm，其他详细尺寸如图中所示。

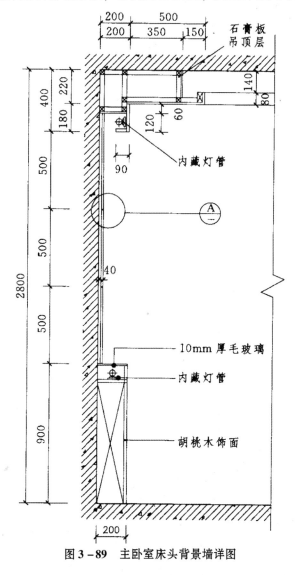

图3－89　主卧室床头背景墙详图

实例85：某洗浴中心一层走廊吊顶详图识读

图3－90为某洗浴中心一层走廊吊顶详图，从图中可以了解以下内容：

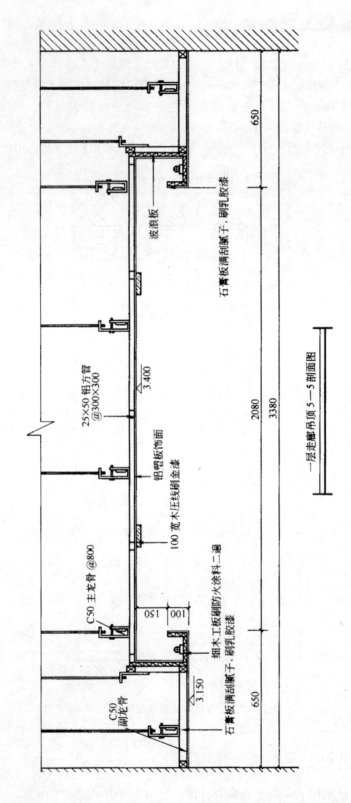

石膏板满刮腻子、刷乳胶漆

波浪板

25×50 铝方管 @300×300

铝蜡板饰面

100 宽木压线刷金漆

C50 主龙骨 @800

细木工板刷防火涂料二遍

石膏板满刮腻子、刷乳胶漆

C50 副龙骨

一层走廊吊顶 5—5 剖面图

图 3-90 某洗浴中心一层走廊吊顶详图

1）此吊顶为两级吊顶。

2）一级吊平面天花，首先用直径为8mm，800mm间距的吊筋螺栓连接吊挂单向50号轻钢主龙骨，然后用轻钢接插件连接间距为25mm×50mm、400mm×400mm铝方管龙骨架，铝塑板面层用万能胶与铝龙骨架粘牢，又在铝塑板面上钉100mm宽木压线金漆饰面造型。

3）二级吊顶基层同上面层为普通纸面石膏板。灯槽立板首先用木龙骨架与吊筋连接，然后用18mm厚细木工板作基层，灯槽内部立板表层镶贴金色波浪板，灯槽外挑部分防腐后和二级吊顶直接满刮腻子，刷乳胶漆。

实例86：某洗浴中心一层走廊壁龛造型详图识读

图3-91为某洗浴中心一层走廊壁龛造型详图，从图中可以了解以下内容：

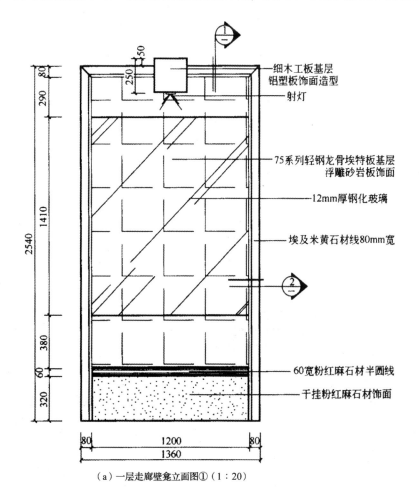

（a）一层走廊壁龛立面图①（1:20）

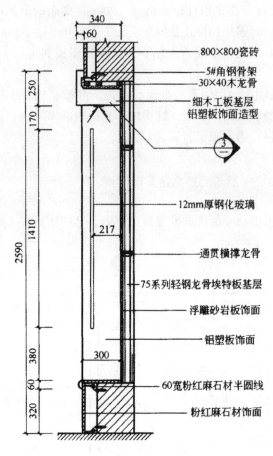

340
60
800×800瓷砖
5#角钢骨架
30×40木龙骨
250
170
细木工板基层
铝塑板饰面造型
3
12mm厚钢化玻璃
1410
217
通贯横撑龙骨
75系列轻钢龙骨埃特板基层
浮雕砂岩板饰面
铝塑板饰面
380
300
60
60宽粉红麻石材半圆线
320
粉红麻石材饰面
2590

（b）壁龛1-1剖面图（1：20）

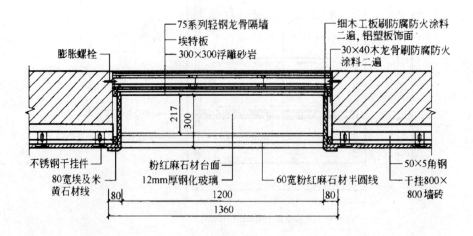

75系列轻钢龙骨隔墙
埃特板
300×300浮雕砂岩
细木工板刷防腐防火涂料
二遍，铝塑板饰面
30×40木龙骨刷防腐防火
涂料二遍
膨胀螺栓
217
300
不锈钢干挂件
80宽埃及米
黄石材线
粉红麻石材台面
12mm厚钢化玻璃
60宽粉红麻石材半圆线
50×5角钢
干挂800×
800墙砖
80
1200
80
1360

（c）壁龛2-2剖面图（1：15）

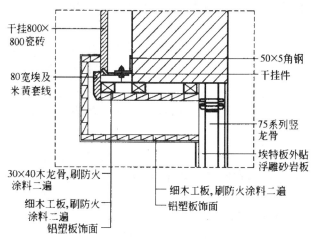

（d）壁龛详图③（1∶15）

图 3 - 91 某洗浴中心一层走廊壁龛造型详图

1）明确装饰的具体造型。图中看到外围是 80mm 宽的埃及米黄石材压线。最上部是一个在细木工板基层上的铝塑板饰面造型，其内放置射灯。此造型高出上部的压线 50mm，中间的部分是用 75 系列轻钢龙骨埃特板做基层，上面镶贴的是浮雕砂岩板。并且浮雕砂岩板的前部，是 12mm 的厚钢化玻璃来增强效果。在其下部是用干挂的方法制作的粉红麻石材饰面。并且其上用 60mm 宽的粉红麻石材半圆线收口。

2）把正立面图和壁龛 1 - 1 剖面图的尺寸对应起来，明确各装饰造型部分的定型和定位尺寸。上部的铝塑板造型其定型尺寸为宽度 250mm、高度 250mm、侧面深度 340mm。其定位尺寸为在高度超出上面的压线 50mm，宽度居中，深度以墙面为基准。钢化玻璃的定型尺寸高度为 1410mm，宽度为 1200mm，厚度为 12mm，并且其距离墙面的定位尺寸为 217mm。高度定位尺寸在侧立面图中可以看到是在铝塑板造型下方 170mm 处。其他局部尺寸比较简单，不再一一叙述。

3）要对整个造型的整体尺寸有所了解。其总宽是 1360mm，高是 2540mm，深度是 300mm。

4）壁龛 1 - 1 剖面图中，下部的做法是在支撑的墙面上用镀锌角钢打孔螺栓紧固不锈钢干挂件，然后用大理石胶把墙砖固定。中部是用通贯横撑龙骨做支撑，以 75 系列轻钢龙骨埃特板做基层，然后是浮雕砂岩做装饰面层。上部的做法较为复杂，有专门的节点详图表示其构造。

5）壁龛 2 - 2 剖面图主要来表达壁龛造型的内部和其外围的构造。识读此图时，先从中间看起，在壁龛的中部墙的基础上安装轻钢龙骨，然后是以埃特板做基层，其上的面层是 300mm × 300mm 的浮雕砂岩。再读两边墙上干挂 800mm × 800mm 瓷砖的内部构造。在支撑的墙面上是 50mm × 50mm 镀锌角钢打孔螺栓紧固不锈钢干挂件，然后用大理石胶把墙砖固定。这种做法的好处是粘接牢固，施工简便，面层瓷砖不会因水泥砂浆基层膨胀而变形脱落。最后看侧面的构造，最里层是纵横间距为 30mm × 40mm/400mm × 400mm 的木龙骨架，其上是细木工板，并且刷两遍防火防腐的涂料。再上面是铝塑板饰面。并在其前端阳角接缝位置粘接 80mm 宽埃及米黄石材线。在读这个图的内部构造时，要特别注意立面和侧面连接处角钢和木龙骨架的穿插使用。

6）在详图③中，主要说明的是壁龛上部顶面和与其结合的竖直墙面连接处的构造。其上部顶面做法是在原墙基础上，用 30mm × 40mm 的木龙骨做支撑，然后用细木工板做基层，装饰面层为铝塑板。竖直墙面是用 50mm × 50mm 的镀锌角钢固定，在其上用螺栓固定干挂件，然后用大理石胶把 800mm × 800mm 的瓷砖粘上。这两个面连接处用 80mm 宽的埃及米黄套线收口。

实例 87：某洗浴中心一层走廊门窗套详图识读

图 3 – 92 为某洗浴中心一层走廊门窗套详图，从图中可以了解以下内容：

1）门扇立面图详细表明了门的各部分造型的材料尺寸。在其上下两端是波浪板，中间是布纹玻璃。其尺寸可以从图中得知，宽为 910mm，高为 2150mm。

2）在门的上部进行剖切，得到走廊门套 4 – 4 处的剖面详图。从图中可看到做法如下：侧板先作木龙骨架，在木龙骨架外钉双层 18mm 厚细木工板作防火防腐处理，其中外层细木工板是为了作挡门板在门套的内侧装门处形成裁口，然后把铝塑板面层用万能胶粘接在细木工板作基层上，侧板与墙面瓷砖阳角结合部，用 80mm 宽米黄石材压线收口（两种材质或两块面结合部用木制、石材或金属材料覆盖在此处俗称"收口"）。

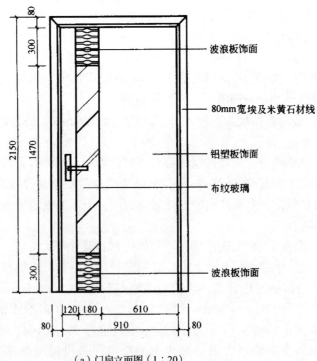

（a）门扇立面图（1：20）

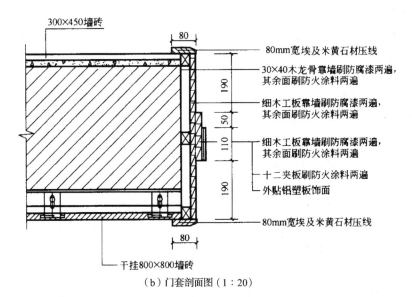

（b）门套剖面图（1：20）

图 3-92 某洗浴中心一层走廊门窗套详图

实例88：某洗浴中心一层走廊地面详图识读

图 3-93 为某洗浴中心一层走廊地面详图，从图中可以了解以下内容：

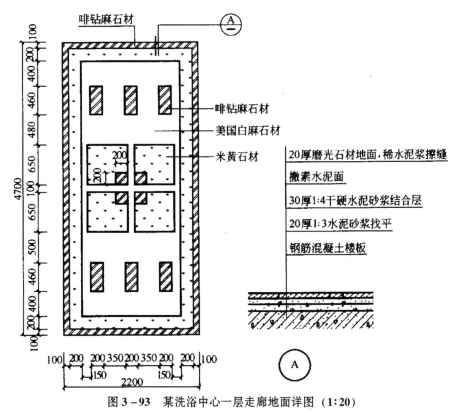

图 3-93 某洗浴中心一层走廊地面详图 （1:20）

1）该图所示是一层大厅地面的拼花设计图，属局部平面图。

2）该图标注了图案的尺寸、角度，用图例表示了各种石材，标注了石材的名称。图案为长方形造型，由一些矩形和方形组成。这样也与顶棚的波浪板及所用方形吊灯相协调。

3）图中的Ⓐ详图表示该拼花设计图所在地面的分层构造，图中采用分层构造引出线的形式标注了地面每一层的材料、厚度和做法等，是施工的主要依据。

实例89：某礼堂外墙装饰节点详图识读

图3-94为某礼堂外墙装饰节点详图，从图中可以了解以下内容：

1）详图"$\frac{1}{1}$"是经窗口水平剖切的窗套处的构造详图，"120"为窗套的贴脸宽度，饰面材料为银灰色铝塑板，其基层为18mm厚夹板，夹板固定在靠墙木龙骨上。

2）窗套左侧为干挂安溪红石材做法，从墙面钢锚板上向外焊接0.125m长的8号槽钢，然后在此槽钢左侧焊接8号槽钢立挺，尺寸自地面直至墙顶，在立挺的外侧焊接水平的50×5等边角钢形成横向龙骨。

3）图中省略了焊接标记，从图中可以看出这两处都是形成角焊缝，在装饰骨架中的焊缝都必须焊接牢固（需满焊）。

4）槽钢与墙体有间隙是为了消除原墙面的垂直误差，此尺寸一般根据现场情况确定，通常为20mm左右。

5）详图Ⓐ表达石材与石材之间、石材与龙骨之间的连接状态，外侧用不锈钢角码挂接安溪红石材，石材厚度为25mm，竖缝为6mm，嵌填耐候胶。

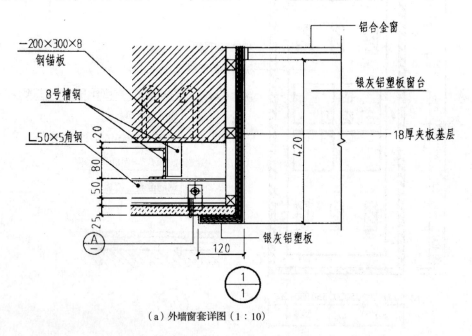

（a）外墙窗套详图（1∶10）

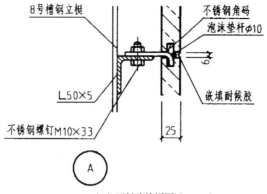

（b）石材连接详图（1：10）

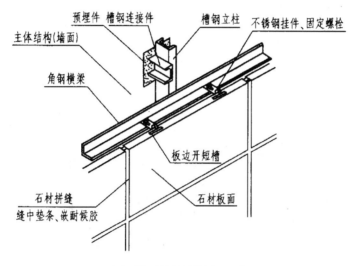

（c）干挂石材墙轴测图（1：10）

图 3 - 94　某礼堂外墙装饰节点详图

实例90：某宾馆会议室圆弧顶棚节点详图识读

图 3 - 95 为某宾馆会议室圆弧顶棚节点详图，从图中可以了解以下内容：

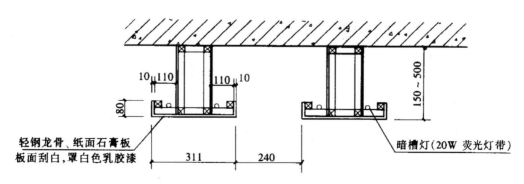

图 3 - 95　某宾馆会议室圆弧顶棚节点详图

其做法为轻钢龙骨吊顶、纸面石膏板封闭，板面刮白，罩白色乳胶漆，两侧吊顶形成的开口水平宽为240mm，圆弧吊顶高度从最低的为150mm到最高的为500mm，高差为350mm，灯槽内设有20W荧光灯带（沿圆弧长度设置），灯槽板及楼板底面均直接刮白后罩白色乳胶漆。

3.5 家具装饰施工图

实例91：马蹄形三门大衣柜设计图识读

图3-96为马蹄形三门大衣柜设计图，从图中可以了解以下内容：

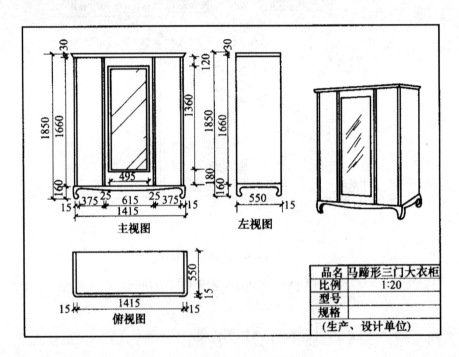

图3-96 马蹄形三门大衣柜设计图

1）该图比例是1:20。

2）左上方为主视图，左下方为俯视图，中间为左视图，右上方为透视图，右下方是该图样的标题栏。

3）从主视图得知，大衣柜采用传统柜类设计，柜体正面分为三个柜门，正中门上有一个矩形穿衣镜，柜底采用亮脚处理。大衣柜总宽度是1115mm，总深度是550mm，总高度是1850mm，顶板厚度是30mm，柜脚高度是160mm，柜脚宽度超出柜体左右各15mm，顶板也采用相同的设计手法，左右各超出柜体15mm。中间穿衣镜宽度是495mm，高度是1360mm。

实例92：马蹄形三门大衣柜结构装配图识读

图3-97为马蹄形三门大衣柜结构装配图，从图中可以了解以下内容：

1）该图是马蹄形三门大衣柜的结构装配图。

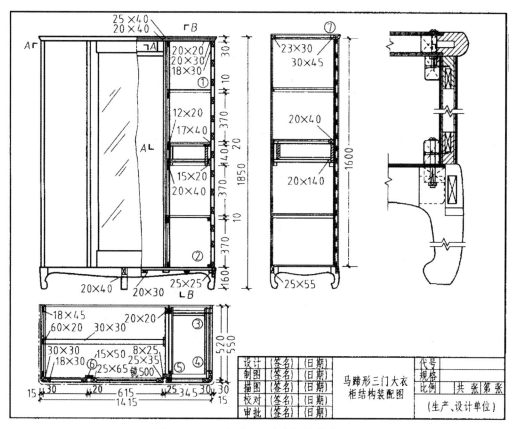

图3-97 马蹄形三门大衣柜结构装配图

2）主视图用局部剖视，俯视图用全剖视，省略了图名标注。

3）中间 $B-B$ 剖面图，是大衣柜从顶板到柜脚垂直剖切后向左投影而得，与大衣柜的设计图（如图3-96所示）相对应，检查复核三图之间各部位的尺寸标注相符。

4）该家具采用框式结构，其框架是用不同规格的木方条所组成，面层材料用胶合板。

5）大衣柜左中侧内部设计为挂衣空间，距底板370mm加一搁板，右侧用隔板分为4个叠衣储存空间，在其中间增设一个高度为140mm的小抽屉。

6）右侧是大衣柜的局部详图（上下两处），表明柜体顶板与侧板、底板与侧板和柜脚的结构形式。

实例93：圆形餐桌装配图识读

图3-98为圆形餐桌装配图，从图中可以了解以下内容：

1）这件家具是一圆形餐桌，它的图样绘制比例为1:100。

2）餐桌材质为榉木。餐桌有四条向下倾斜的方形桌腿以及下部略呈圆弧形的挡板。挡板下部弧线造型的尺寸标注表示在高度100mm的挡板上，画一条与挡板水平底线的两个端点相交的圆弧，其顶点距挡板水平底线15mm，这条弧线为切削加工线。

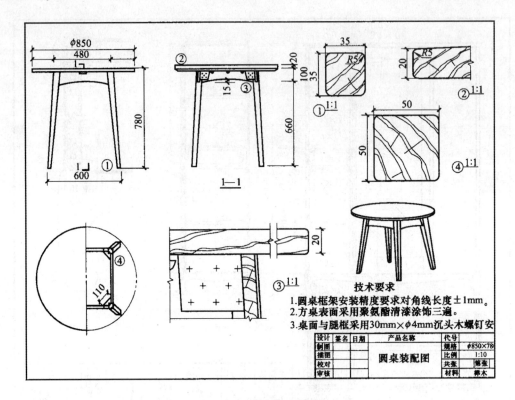

图3-98 圆形餐桌装配图

参 考 文 献

[1] 中华人民共和国住房和城乡建设部. 房屋建筑制图统一标准 GB/T 50001—2010 [S]. 北京：中国计划出版社，2010.

[2] 中华人民共和国住房和城乡建设部. 建筑制图标准 GB/T 50104—2010 [S]. 北京：中国计划出版社，2010.

[3] 中华人民共和国住房和城乡建设部. 房屋建筑室内装饰装修制图标准 JGJ/T 244—2011 [S]. 北京：中国建筑工业出版社，2011.

[4] 李元玲. 建筑制图与识图 [M]. 北京：北京大学出版社，2012.

[5] 张毅. 装饰装修工程快速识图技巧 [M]. 北京：化学工业出版社，2012.

[6] 张书鸿. 室内装修施工图设计与识图 [M]. 北京：机械工业出版社，2012.

[7] 夏万爽. 建筑装饰制图与识图 [M]. 北京：化学工业出版社，2010.

[8] 孙勇. 建筑装饰构造与识图 [M]. 北京：化学工业出版社，2010.